U0322433

楚风荆韵话气象

Chufeng Jingyun Hua Qixiang

崔讲学 谭建民 王章敏 等◎著

图书在版编目（CIP）数据

楚风荆韵话气象 / 崔讲学等著. — 北京：气象出版社, 2015.1
ISBN 978-7-5029-6085-8

Ⅰ. ①楚…　Ⅱ. ①崔…　Ⅲ. ①气象学—历史—湖北省　Ⅳ. ①P4-092

中国版本图书馆CIP数据核字(2015)第001899号

楚风荆韵话气象
Chufeng Jingyun Hua Qixiang

出版发行：气象出版社
地　　址：北京市海淀区中关村南大街46号　　邮政编码：100081
总 编 室：010-68407112　　发 行 部：010-68409198
网　　址：www.qxcbs.com　　E-mail：qxcbs@cma.gov.cn
策　　划：邵俊年　胡育峰
责任编辑：杨　辉　邵　华　　终　　审：黄润恒
设　　计：符　赋　　责任技编：吴庭芳
印　　刷：北京地大天成印务有限公司
开　　本：787mm × 1092mm 1/16　　印　　张：15.25
字　　数：190千字
版　　次：2015年1月第1版　　印　　次：2015年6月第2次印刷
定　　价：48.00元

编委会

前言

灵秀湖北，文化底蕴厚重，历史源远流长。荆楚大地，山清水秀，人杰地灵，物华天宝。在亚热带季风气候影响下，光照充足，降水丰沛，雨热同季，荆楚大地处处充满勃勃生机。《楚风荆韵话气象》将从气象科普的角度，与读者共同欣赏、品味、领略大自然的鬼斧神工，感受万千气象的奇特魅力。

湖北地形地貌复杂，天气变化多端，气候类型多样。不同的气候对应着不同的自然带，不同的自然带又显现出不同自然特征。在自然环境中各要素相互影响、相互制约，浑然一体。正是由于受到千百万年来风霜雨雪的洗礼，荆楚大地山山水水才有了现在的灵气与秀美、壮观与神奇，本书“气候风光篇”展现了气候对大千世界的雕琢与磨砺。

湖北地处中国腹地，“九省通衢”，历来是兵家必争之地。华夏老祖宗在荆楚大地留下了大量与气象有关的记载。“炎帝农耕”“纪南故城”“战国长渠”“草船借箭”……荆楚大地的先民们了解气象、应用气象，其熟练、精准让人叹为观止。因气象而兴，因气象而新，谁掌握了气象知识，谁就掌握主动，赢得先机，本书“历史风云篇”抒写了荆楚大地历史上与气象有关的可圈可点、可歌可泣的英雄事迹。

“惟楚有才，于斯为盛”。在荆楚这片沃土上，成就了众多与气象有关的名人骄子。他们勤奋好学，勤于思考，善于观察，与气象有着诸多不解之缘。屈原“问天”，尹吉甫“测天”，诸葛亮“用天”，涂长望开启新中国气象事业的“新天”，这些无不充分体现了楚人的智慧与谋略、才华与胆识。本书“名人风采篇”讲述的就是他们与气象的故事。

湖北是南北气候过渡带，气候复杂多样，自然灾害频发，聪明的荆楚儿女在应对气候变化、适应气候变化的历史长河中积累了丰富的经验。“吊脚楼”“竹床阵”“大水冲出来的地方戏”，都是劳动人民抵御自然灾害的智慧结晶，本书“民俗风情篇”展示了众多与气象有关的绚丽风情。

长江、汉水，纵贯全境，泽润荆楚大地；湖泊、水库，水网交错，星罗棋布，营造了众多小气候环境，成就了湖北丰富的物产。武昌鱼、三峡橘、武汉热干面、土家腊蹄子等，其独特的风味，享誉中外。不管本书“特产风味篇”如何进行渲染，也许只有品，才能体味舌尖的妙；只有尝，才会领略口感的爽。

全球气候变暖也影响着湖北气候，据近代气象资料统计，湖北年平均气温呈增高趋势。气候变暖的危害从自然灾害到生物链断裂，涉及人类生存的各个方面。环境影响气候，气候左右环境，守住青山绿水，就守住了我们的根。保护生态，保护环境，营造绿色家园，本书“生态风韵篇”给了我们这样的感悟和启迪。

楚文化博大精深，丰富灿烂；湖北千年风霜，漫无穷尽。本书仅从历史与现实的交融中，撷取了几朵“气象浪花”，薄析浅谈，引导读者品味历史，感悟自然，领略气象文化的无限风光。编撰此书，我们力求将科学性、知识性、趣味性、可读性融于一体，使读者了解气象，增长知识，开阔眼界，陶冶情操。读完这本蕴含荆楚文化的知识性气象科普读物，如果您有所收益，将是我们最大的欣慰。

目录

名人风采篇

民俗风情篇

特产风味篇

生态风韵篇

后记

气候风光篇

气象变幻万千，风光绮丽迷人，大自然的鬼斧神工，造就了今日湖北秀美的山山水水，成就了“灵秀湖北”的美称。本篇将带您走进湖北气候风光区，欣赏美景，陶冶情操，感受万千气象的无限魅力。

四季三峡好风光

千年古帆
摄影：张洪刚

平湖高峡，神女俊秀，风景旖旎。三峡壮美，魅力独特，撩人心弦，一年四季，风光无限。

三峡是瞿塘峡、巫峡、西陵峡的总称。它西起重庆奉节县的白帝城，东至湖北省宜昌市的南津关，全长约200千米，在湖北省境内就有76千米。具有冬暖、春早、夏热、秋多雨的气候特征。特殊的峡谷气候，把三峡的春、夏、秋、冬装扮得极富韵味，分外妖娆。

早春的峡区，冷暖气流来往活跃，天气多变，降水量增加，气温升降剧烈，且平均气温在近40多年呈缓慢上升趋势，似乎春天的脚步比以往来得更早了些。暖空气沿峡谷逆势而上，遇到冷的江面，常常形成平流雾；一场春雨过后，峡谷两岸水汽充盈，受山体辐射冷却影响，往往形成辐射雾。平流雾在江面尽情蒸腾，辐射雾在山涧肆意缭绕。山顶青峰云雾之中，那亭亭玉立、端庄秀丽的神女，像披上一款薄纱，更显脉脉含情，妩媚动人。山下采茶姑娘的歌声在雾幔中流淌，是那么悠扬，又是那么婉转。真可谓“巫山披云雾而神秘莫测，云雾绕神女而变幻迷离”。

盛夏，虽有几分酷热，但宽阔的高峡平湖又送来了阵阵凉爽。夏日的三峡，是人类调控自然的绝美风景。登上坛子岭，平湖的浩瀚、大坝的雄姿尽收眼底。尤其是雄伟壮观的三峡大坝，以其长2300多米（坝顶总长3035米）、海拔185米的伟岸身躯，贯通大江南北，横锁峡江两岸，恢宏威武，举世罕见。奔腾咆哮、汹涌澎湃的长江之波，在这里戛然平静。千里迢迢，源远流长的长江之水，在这里如约汇合，蓄水位175米，总库容393亿米^3，形成了近万千米^{2}的湖面，为全世界最大的水力发电站积累巨大能量。干旱时节，冲天的水柱喷射而出，发出雷鸣般轰鸣，为下游实施抗旱补水。夏季暴雨洪涝灾害频发，上游汹涌而来的水在这里安然被驯服，削峰填谷，匀速下泄，减轻下游防汛压力。

三峡的秋天，船行其间宛若进入绚丽的画廊，充满诗情画意。深谷狭长，奇峰突兀，江流曲折，百转千回，满眼都是金黄。西陵峡的“兵书宝剑”“牛肝马肺”“崆岭”“灯影”，在夕阳的辉映下，金甲缠身，景象万千。峡江两岸橘红橙黄，漫山遍野，随山势起伏，东西绵延。原生态的柑橘走廊，到处充满金秋的气息。柑橘果实大小、色泽变化以及果实含糖量与气候条件密切相关。秋天的库区，气候温和，光照充足，雨量适宜，十分有利于柑橘生长。喝长江水，采峡江风，在峡江阳光雨露滋润下茁壮成长的三峡柑橘，以其品质优良、色香味甜，备受人们喜爱。只见运送柑橘的货轮、卡车络绎不绝，也一起见证缀满枝头的明丽金黄。

冬天到了，由于秦巴山脉的屏障作用，小股冷空气不易入侵，即使强冷空气翻越山脉，也会沿神农架南坡下沉绝热增温，所以库区冬暖明显，故而三峡的冬天是少雪的。冬季本是万木萧疏的季节，在这里却是红叶怒放，染醉长江，实为三峡奇景。正如山歌所唱：“满山红叶哎，似彩霞，彩霞年年，映三峡，红叶彩霞千般好，怎比阿妹在山崖，手捧红叶望阿哥，红叶映在妹心窝。”三峡红叶学名黄栌，是中国重要的观赏红叶树种。三峡巫山红叶绵延70多千米，因特殊的峡谷气候，变色时间比其他地区红叶晚两个月，自11月初一直延续到次年1月。满山红叶沿险峭的山梁由近及远，层次分明，红得纯正，红得耀眼，在碧绿江水映衬下摇曳生姿，惹人心醉。

当年毛主席设想“高峡出平湖，神女应无恙”，今天，人们已切实感受到——三峡风云际会，风景这边独好。

气象万千神农架

神秘神奇神农架。神农采药，野人传说，稀有生物，原始绿洲……这些都展现了神农架的神秘与神奇。大自然的雕凿与磨砺，造就了神农架气象万千的变化，也成就了神农架的神奇。

神农架地处秦岭系大巴山东段，平均海拔1700米，最高峰神农顶高达3105.4米，号称“华中第一峰”。高山台地、坡地、谷地、槽地，奇特的地貌构成神农架俊美的主体。多层次、多类型、多变化的立体气候，成为神农架神奇的推手，造就了“山脚盛夏山顶春，山麓艳秋山顶冰，赤橙黄绿看不够，春夏秋冬最难分”的奇特景象。

十里不同天。沿着几百级严整的石阶拾级而上，便是神农祭坛。说来也怪，刚才山下还是晴朗天气，不料登上神农祭坛花了不到两个小时，天空竟淅淅沥沥地下起了小雨。雨蒙蒙，雾蒙蒙，满目杉林青翠欲滴，山谷愈发清幽。在这庄严场所，那似美人皓腕般柔软的雨雾，却在神像颈项上恣意缠绕，使神像平添了几分婀娜多姿。原来，受地形影响，当暖湿气流顺山坡爬升，到了这里就逐渐冷却，形成细小的水滴，大水滴降落地面便是雨，小水滴浮游空中便是云。即便相距十里，其地形地貌不同，天气现象也不尽相同，这就是神农架的神奇。

一天有四季。神农架高大山体对光、热、水资源的再分配，使亚高山植被景观呈现不同的季相。在海拔1000米以下的地方，气候终年温暖湿润，光、热、水资源丰富，阔叶林终年长绿。到了海拔1000—2300米就不同了，极端最低气温可达-20℃。温度降低，气候明显变凉，喜温的阔叶林变少，耐寒的针叶林增多，黄山松、红桦、山杨等亮针叶、落叶阔叶相互掺杂，集体出彩。再往上行，海拔2300—3100米的山坡，便是由巴山冷杉组成的单优暗针叶林的乐园，呈现出潮湿寒温带景观，著名景点金猴岭数十万亩原始森林就是其典型代表。这里树林茂密，古木参天，藤葛攀挂，冷气逼人。越往上，气候越寒冷，林木相应变稀变少，逐渐被草甸与竹林替代。短短几个小时行程，令人有穿越时空、领略四季的感觉，这就是神农架的神奇。

赤橙黄绿看不够。闻着树叶清香，吸着清新空气，徒步红坪画廊，身心格外愉悦舒展。红坪秋天，气温已降至-3℃，时有霜冻出现。植物叶片除含有叶绿素，还有红色素、黄色素等许多色素。在低温条件下，植物叶绿素被分解，含量逐渐减少，其他色素的颜色就会在叶面上渐渐显现出来，有的树叶越变越红，有的则越变越黄。按照植物自然群落和不同品类，整棵树木，整片森林，从高处到低处，从叶尖到叶枝渐次霜变，尽情亮相红坪植物比美的舞台。放眼望去，满山的树叶五彩斑斓、姹紫嫣红。通红的枫叶、金黄的银杏叶，还有紫的、绿的鹅掌楸、柿子树以及常青的松柏，它们与峥嵘突兀的岩壁天衣无缝般完美融

神农秋韵
摄影：崔讲学

合，好一派层林尽染、争芳斗艳的景象。赤橙黄绿看不够，万类霜天竞自由，这就是神农架的神奇。

曼妙妩媚大九湖。数声鸟叫，数声鸡鸣，唤醒了素有“高山盆地”“天然草场”之美称的大九湖的清晨。细雨初歇，水汽充分，微风和缓，长波辐射使近地空气冷却，便出现大量水汽凝结物——雾。湖坪萦绕着薄薄的雾幔，云雾逐波，浓淡相宜。远处黛绿色的山峦在云雾的遮挡下时隐时现，朦朦胧胧，感觉好像置身人间仙境。联想天门垭那梦幻般的云海奇观：有时波起云涌，浪花飞溅；有时又似瀑布从天而降，滔滔不绝；那穿破云海巍然矗立的山峰浮岛，更显曼妙妩媚，使人仿佛进入神奇的童话世界。人间仙境也好，童话世界也罢，其实都是云、雾的产物。云与雾的物理结构基本相同，不过凝结现象发生在近地面的叫雾，与地面有一定距离，而飘浮在空中的则称为云，但在山区常常云、雾难分。从山下往上看是云，在山中看是雾，而从山顶往下看则成了云海。云在山涧缭绕，雾在林间徘徊，亦云亦雾，这就是神农架的神奇。

一路的神奇，一路的惊叹，这就是气象万千的神农架。

神农祭坛
摄影：陈石定

风云变幻武当山

金顶之光
摄影：彭学平

武当山是我国著名的道教圣地之一，被世人尊称为“仙山”“道山”。“接天地之灵气，采日月之光华”，千百年来，武当山作为道教福地、神仙居所，名扬天下。历朝历代慕名朝山进香、隐居修道者不计其数。武当武术历史悠久，博大精深。武当“太极”开启了道教文化的新篇章，创造了道家修练的新观念，成了东方文化的瑰宝，也是人类文化的宝贵遗产。

武当山处于南北气候过渡区，四季分明，雨热同季，并具有立体气候特征，兼有丰富多彩的局部小气候，气候资源比较丰富。从丹江口水库至天柱峰顶，大体可分三层气候区。高层，即朝天宫至金顶，海拔1200—1612米，年平均气温7.7～10℃，无霜期163～194天；中层，即紫霄宫至朝天宫一带，海拔750—1200米，年平均气温10～12℃，无霜期194～222天，降水量995～1106毫米；下层，在海拔750米以下的太子坡、武当山集镇一带，年平均气温12.8～16℃，无霜期222～254天，降雨量843～995毫米。

由于地理位置特殊，加之建筑技术高超，武当山在神秘莫测的风云变幻中，演绎着众多的气象奇观。

雷火炼殿。座落于天柱峰的金殿，建于1416年。铜铸结构，外鎏赤金，宏伟庄重，绚烂辉煌。殿内供奉着真武大帝神像，两旁分别是金童像和玉女像，虽经五百多年风雨雷电的袭扰，金殿自岿然不动，不仅毫无受损坏的痕迹，反而更加金光闪耀。每被雷击一次，金殿都好像被回炉冶炼了一回，故有古诗曰“雷火铸成金作顶”，民间称之为雷火炼殿。原来，天柱峰有三道节理裂缝贯穿顶峰，其电阻率较低，是导流放电的良好通道，故常有雷电光顾。金殿的须弥座为竹叶状大理石构成，电阻率很高。当云地电位差一定时，基座平台和须弥座就构成了绝缘层，遇有雷电而不被雷击。雷电通过铜体金殿，产生物理反应，铜锈剥落，因而每被雷击一次就更觉新灿如初。

海马吐雾。金殿是重檐庑殿顶，属于古建筑中的最高等级，据说是仿紫禁城里的太和殿建造而成。在武当山，如此规格的殿宇也仅此一座。金殿房脊有八个角，每个角上有五个相同的垂脊兽，依次为龙、凤、狮、天马、海马，憨态可掬，楚楚动人，据说是用来镇妖的。位于金殿东北角那匹海马，不仅能镇妖，还会吐出雾气，人们称之为“海马吐雾”。由于海马是铜制品，其传热导热快。当受到太阳曝晒的时候，铜体海马要比周围空气温度高得多，一旦天气突然变化，气温骤降，海马温度也随之下降，形成冷体。当雨前暖湿空气遇到海马冷的表面，海马身体上就会有水珠凝结，如果此时恰巧有一股强劲的西南风吹来，水珠就会顺风沿着海马身体流动，集中到马嘴部时脱离马身，就形成了像线一样的雾气。

祖师出汗。民间广为流传的各种天气谚语，是我国劳动人民千百年来在生产生活中，对大自然细心观察的结果，体现了人们丰富的社会生活经验，闪耀着智慧的光芒。如“水缸出汗蛤蟆叫，不久将有大雨到”，说的是每当水缸外壁结满水珠（即水缸出汗）时，就预示着暴雨将要来临，这话不无科学道理。“祖师出汗”也是这个道理。下雨前，金殿内空气中湿度增加，过多的水汽遇铜质神像冷的表面就会凝结，从而产生“祖师出汗”奇观。

天柱晓晴。天柱峰，穿云透雾，跃然云表，为武当山七十二峰的最高峰，被誉为“一柱擎天”。每当黎明前夕，大地还是混蒙一片时，天柱峰已受曙光照射，灿烂夺目，美如宝石，加之峰峦云雾氤氲，宛如仙境，呈现出“山在云中走，人在画中游”的“天柱晓晴”奇妙景象。

陆海奔潮。亦名武当云海，多发生在夏、秋雨后初晴时。只见众峰争奇，千壑幽深的武当群山被浩淼千里的云海淹没，云随阳光、风向变化，忽而狂涛翻腾，忽而巨浪奔涌，气象万千，惊人心魄。此时，在天柱峰真有“千层楼阁空中起，万叠云山足下环”之感。

祖师映光。雨后初晴，阳光照射到金殿和金殿内的真武祖师像上，万道金光四射，真武祖师及金殿周围罩上了一个七色光环，放射出奇异的光彩，这就是“祖师映光”。此现象偶尔发生，十分奇妙，与气象有密切的关系。在雨后初晴，或多云天气的上午，太阳光透过云层空隙直射到金殿和其内部的祖师像上，因金殿及铜像表面光滑如镜，不同的受光面反射出不同角度的复杂的光，使得反射光柔和且五彩缤纷，奇

武当仙境
摄影：陆铭

幻无比，这就形成了神奇美妙的幻景。

平地惊雷。夏秋雷雨季节，有时，金顶上空晴朗无云，烈日当空，天柱峰四周乌云滚滚，千山万壑沉没在云海之中，八百里武当如银铺平地。但见，遍地闪电撕破长空，一个个炸雷震耳欲聋，雷鸣谷应，连绵不绝，犹如万炮齐发的战场，地动山摇，天崩地裂，惊心动魄，这就是所谓的“平地惊雷”奇观。

夏日清江别样情

八百里幽幽清江，古称夷水，“水色清明十丈，人见其清澄，故名清江”，江水在鄂西南的崇山峻岭中一路劈山破岩，蜿蜒前行。或奔腾高歌，或隐身伏流，自西向东经恩施、宜昌的10个县市，总落差1430米，最后在宜都注入浩翰的长江。千万年来，它造就了神奇的清江景观，孕育了厚重的土苗文化。

利川市齐岳山下，一个名叫龙洞沟的小山坳里，大山孕育的清江之源从半山腰的岩洞中冲出地表，顺着山势奔流直下。时而合股，时而分流，然后汇入一小潭，水雾升腾，珠玑四溅，如诗如画，镶嵌于青山翠柏之中，据说这便是清江的源头。

每到夏季，是清江流域集中降水期，正是丰沛的雨水经山涧小溪、地下径流，成就了八百里清江沿途大小瀑布的千姿百态，秀美壮观。

鸡头沟的情人瀑布，两道水流从悬岩顶部呈V字型直落山谷，合二为一，紧紧相拥。水雾弥漫，轻盈缥缈，犹如银色的长绢，从天际飘然而下。

福宝山的高洞岩瀑布，落差有近200米，经过三级跳跃才跌到谷底。如同一群猛虎，突然惊醒，咆哮着冲下山岗，气势雄浑而磅礴，豪迈而坦荡。

腾龙洞的卧龙吞江瀑布，清江上游的巨大水流在这里汇合，沿落差20余米石阶奔流而下，吼声如雷，澎湃咆哮，激起千波万浪。

还有不知名的细瀑，整齐而平滑，如同一幅飘忽不定的银帘。山间小瀑，像轻烟，像薄雾，水流如丝如歌。迷人的梯梯瀑，自山涧缓缓流出，穿行于岩石丛中，激起朵朵浪花。绚丽的秀石瀑，像一条白练从天而降，又如巨柱擎天，直插苍穹，在日光映射下熠熠生辉。还有很多大大小小的瀑布，形态各异，变幻莫测，为青山峻岭平添了无穷的自然野趣。

一般瀑布受降水量影响很大。干旱季节水量很小，有的甚至断流，瀑布消失。往往一场大雨之后，便会出现“山中一夜雨，树梢挂飞泉”的奇特景观。瀑布的形状、气势与水量大小密切相关。水量小，声如琴弦，紫气蒸腾；水量大，巨雷轰鸣，万练飞空。瀑布因水而丽，水借瀑布增辉。

清江画廊
摄影：崔讲学

清江沿岸有70%的地区属喀斯特地貌。喀斯特地形的形成是石灰岩地区地下水长期溶蚀的结果。简单地说，当地表水沿地下裂缝不断地渗流和溶蚀，使裂缝加宽加深，直到形成洞穴或地下河道。新第三纪时，中国季风气候形成，气候变得湿润，从而奠定了现今喀斯特地带的基础。要说被誉为最美丽的大峡谷——恩施大峡谷，是地表喀斯特形态的突出表现，那么清江最为独特的地下暗河，堪称岩溶地貌奇观的腾龙洞、落水洞则是地下喀斯特形态的典型代表。

清江从利川发源后，浩浩荡荡地流经利川盆地，穿过低山丘陵，来到高40多米、宽20多米的落水洞，经过一番咆啸与轰鸣，猛然跌入洞中，钻到地底下去了，变成伏流。整整一条清江，就这样不见了踪影，因此当地人称此奇景为“卧龙吞江”。

落水洞的上方便是驰名中外的腾龙洞。洞口高72米，宽64米，洞内最高处237米，初步探明洞穴总长度52.8千米，其中水洞伏流16.8千米。整个洞穴群共有上下五层，洞中有山，山中有洞，水洞旱洞相连，主洞支洞互通，以其雄、险、奇、幽、绝的独特魅力声誉远播，闻名遐迩。

夏季探洞，迎来的是习习清凉。冬季游洞，感觉到的是阵阵暖意。四季恒温也许是所有溶洞共同的小气候特征，腾龙洞也不例外，气温常年在16℃左右。这是由于溶洞受外界气候影响甚微，其气温主要受地球内温的调节，故常年保持在一个水平上，接近于这个地区的年平均气温，四季温度变化只有1～2℃，湿度也都在90%以上。

充沛的雨水带来了成群的瀑布，也雕凿出壮美的溶洞，更激发了土苗儿女的聪明智慧。清江之上的风雨桥，精美的工艺、大气的设计、极具民风的修饰，总是摄人心魄。画廊入口处的风雨楼，造型典雅，古色古韵，勾起人们对巴人好客善施传统美德的崇敬。还有那村村寨寨的吊脚楼，依山靠河就势而建，呈虎坐型，既通风干燥，又能防蛇防兽，被称为巴楚文化的“活化石”。这些虽然现在已成为旅游景点，但在古老的过去，却是人们过往歇脚、遮风挡雨、安身立命、躲避气象灾害无情袭击的“驿站”。

站在风雨楼上，唱一曲《龙船调》，哼几句《六口茶》，看山如青罗带，水如蓝宝石，江雾连环。江水生烟的清江画廊，朦朦胧胧，恍若仙境。

可亲可敬、奔流不息的巴土母亲河，她必将与长江一起奔腾，与大海一同扬波。

清江云海
摄影：张洪刚

深秋叶黄话银杏

大洪山脉银杏带的深秋，风和日丽，天高云淡。几夜晚风，几度霜降，或村头、或路边、或山野，蓦然间一片金黄，一抹秋韵。好像天上彩云在山谷飘荡，好似美丽彩霞在田园流淌。四面八方的游客慕名而至，尽情领略这里“银杏染秋”的壮观美景。

如果说大洪山环境塑造了银杏的古拙，那么可以肯定地说，大洪山的气候成就了银杏的美丽。这里年平均气温15.9℃，是银杏生长发育最理想的温度；一年2000多个小时的充足光照，使银杏的光合作用可以维持在较高的水平；年平均1117毫米的降水量，使树叶茂盛，蒸腾量大，银杏得到了充足的水分补充。

每到深秋，受低温寡照影响，银杏开始停止生长，其叶片叶绿素合成受阻，以致消失，被叶绿素覆盖的叶黄素，终于有机会显现出彩。越近深秋，气温越低，银杏叶就会越黄。如果遇到霜冻，就会黄得更快一些。常常一阵秋风吹来，落叶漫天飞舞，好似一只只可爱的蝴蝶，互相追逐、嬉戏，满山金黄。

地处大洪山南麓、随州市洛阳镇境内的中国千年银杏谷，银杏分布

银杏王国
摄影：王斌

最密集、保留最完好，是世界四大密集成片的古银杏群落之一。位于孝感市安陆境内的钱冲古银杏群落是中国首家古银杏国家森林公园，被确定为“国家银杏自然保护区”，其数量之多、规模之大、年代之久，为全国罕见。两地依山相邻，水同源、山同脉，气候同天。

银杏树又名白果树，迄今已有1亿多年历史，是第四纪冰川运动后遗留下来的最古老的裸子植物，是世界上十分珍贵的树种之一。它生长缓慢，雌雄异株，但也有极少雌雄同株，有长达3500多年的自然寿命，数百上千年均能开花结果，生命力十分顽强，享有“长寿树”之美誉，被科学界称为“活化石”“植物界的熊猫”。

生长在安陆市银杏广场北端的魅力“银杏王”，已有2800年的历史，伟岸、苍劲而挺拔，虬枝繁多，巨冠参天，远远望去，就像一朵飘浮于山涧的彩云。树高40多米，主干树围需6人合抱才能完成。可喜的是，历经千百年的风风雨雨，受过“瓦石乱飞，大风拔木”的狂风吹打，也受过“淫雨，坏城郭，庐舍殆尽”的暴雨侵袭，“银杏王”虽表皮略有皱褶，已显龙钟老态，但“生育”能力依然相当旺盛，每年产银杏果500多千克，为目前单株产量之最。

位于随州市青林寨救孤岭上的“银杏至尊”，传说是朱元璋所赐封，经测定，这棵银杏至今已度过了2600余个春秋。也许由于当年极度干旱，这棵一株双杆的银杏，树根裸露，树叶稀疏，酷似一对风烛残年的老夫妻。朱元璋动了恻隐之心，命士兵给树培土、浇水、施肥，并默念祈祷，愿其返老还童，生育后代，排遣孤寂，享受天伦。后来，这棵银杏树果然生机再现，青春焕发，更有趣的是紧贴着树杆对称地长出了两棵小银杏，就像小孙孙陪伴左右。如今远远望去，恰如天边的一团黄色的彩云，晶莹璀璨。

古银杏群里，银杏树千姿百态，有的虚怀若谷，孤傲雄奇，经历了2500多年的雨雪风霜，遭遇过“秋稼不登”的严重干旱和“积深六尺许，四乡行人陷毙雪中无数”的超强寒冬，依旧生机勃勃，一身灿烂；有的盘根错节，尽成连理，重枝叠叶，相依相偎，历经岁月的劫难，依然潇洒飘逸，神态自若，就像一个大家庭，精诚团结，互帮互助；有的并蒂连枝，状如夫妻；有的揽腰依偎，胜似情侣；有的一老一少，形同母子；有的刚正挺直，直插云霄；有的张开似伞盖，荫及千余平米。还有多棵千年古树群聚，构成一幅栩栩如生的朝会景观；更有一片片金黄色的古银杏群落点亮丘陵山岗、路边河畔，各领风骚，让人沉醉。一棵棵风姿卓然的银杏树，构成了绵延数千米的金色画廊，让人心灵震撼，流连忘返。无怪乎唐代诗人李白在安陆长居十余年，吟诗作赋，结婚生子，乐不思蜀。

漫漫岁月，遥遥历程，有过灿烂，也有过凋零；有过辉煌，也有过惆怅。从古老一路走来，自然的气息，自然的形态，自然的色彩，自然的神韵，弥漫着生命的活力。正如老子曰：人法地,地法天,天法道,道法自然。

东湖风光美如画

素有“百湖之市”称号的武汉随处可见碧波荡漾、清澈明净的湖面，尤其是33千米^{2}的城中湖——东湖，充满平静与澎湃、自然与人文、灵秀与狂野，是海一样的湖，又像湖一样的海，风光无限，美丽如画。

清晨，一轮红日从湖东山坳升起。青光、蓝光、紫光被水汽散射，只有红光、橙光、黄光穿透大气，把天空染成一片灿烂的朝霞。广阔的湖面倾刻间波光粼粼，璀璨夺目。早起的游艇，划破宁静的湖面，掀起了一层层金色的涟漪。到了傍晚，乘坐游轮从沙湖出发，经汉街楚河，穿过双湖桥，映入眼帘的又是一片浩渺。看磨山、南望山、喻家山，在彼岸地平线上山峦绵延起伏，望西岸渐渐远去的高楼大厦滑向天际，与夕阳交相辉映，蔚为壮观。游轮尾部划出的剪刀型波浪，有序地向两侧平滑地舒展，如绢如布。

平静的东湖就像一个温柔的少女，有时也会青春澎湃。4级风时，风起浪涌，湖面会泛起白浪，波浪层层拍打在湖岸上，激起串串浪花；5～6级风时，风急浪高，汹涌的波涛显出海浪般的气势，你会看到浊浪排空的景象，仿佛置身于海的幻境。难怪俊男靓女们，或依托平静，或依托澎湃，披着圣洁的婚纱，在湖边争相留下海誓山盟的瞬间。

踏青的春天，沐浴暖阳，观赏东湖两岸盛开的樱花迎风起舞，迷了游人的眼睛。炎炎夏日，朝有荷露晨曦，夜有荷塘月色，“微风过处，送来缕缕清香，仿佛远处高楼上渺茫的歌声”（朱自清《荷塘月色》）。东湖的秋天则有一种岁月的深醉，磨山南麓万株桂花园，芳香悠长，沁人心脾。到了冬天，在东湖踏雪寻梅，沁雅寻幽，感受梅花的气度风格，傲雪凌霜。美丽的东湖，四季有花，花开四季，随季节而来，随气候而去，潇洒自如。

大美东湖
摄影：陈石定

东湖的生态风光固然美艳，人文景观也令人折服。楚风浓郁，楚韵精妙。行吟阁闻名遐迩，离骚碑誉为“三绝”，楚天台气势磅礴。众多历史文人武将，也曾在东湖写下诗篇，留下身影。屈原“泽畔行吟”，李白在湖畔放鹰题诗，南宋诗人袁说友用“只说西湖在帝都，武昌新又说东湖”之句赞美东湖。刘备在磨山设坛祭天，一代伟人毛泽东44次入住东湖宾馆，朱德写下了“东湖暂让西湖好，今后将比西湖强”这带有殷切期盼的诗句。在东湖周边还有以武汉大学为代表的高校云集，名人荟萃，东湖处处彰显着厚重的文化底蕴。

东湖之美，美在自然。湖岸逶迤，杨青柳翠，34座山峰绵延起伏，

东湖柳堤
摄影：冯光柳

左拥珞珈山，右揽磨山，青山环绕，山水相依。120多个岛渚星罗棋布，小巧碧绿，凸起于湖面，相映成趣。“落霞与孤鹜齐飞,秋水共长天一色”（唐代王勃《滕王阁序》），我把东湖比东宫，淡妆浓抹总相宜。东湖还以其巨大的水容调节着城区的气候，净化着市内的空气。

然而，秀美的东湖也有发飙的时候。1999年6月22日19时左右，东湖湖面上突然升起了一团“白雾”，并迅速地向磨山方向移动，受山体阻挡后，其主体气流沿一山坳迅速返回，北坡700多棵苍松翠柏瞬间被拦腰斩断，整个过程仅持续了2～3分钟，一时被称为神秘事件。事后科学家告诉大家，罪魁祸首是“下击暴流”。“下击暴流”是一种天气现象，常造成空难，产生于强对流云团的冷气流，从云底部向下“击出”，速度很快，与近地面暖湿空气相遇后形成强暴流，风速可达50～100米/秒，因而对近地层的植物或建筑物造成严重的破坏。如今，事发地竖起了一块“自然之谜遗址”的石碑，供参观者品味大自然的神奇。

武大樱花
摄影：李必春

浪漫樱花映江城

阳春三月，在武汉的校园、公园、植物园，大道、街道、迎宾道，处处樱花烂漫，灿若云霞。红色、紫色、白色交相辉映，早樱、中樱、迟樱次第绽放，让偌大的江城精彩纷呈，人气爆棚。历经30多年的打造，武汉已然成为“樱花之城”。

樱花为温带、亚热带树种，性喜阳光和温暖湿润的气候，宜在疏松肥沃、排水良好的砂质土壤中生长，有一定的耐寒和耐旱力。武汉地区雨水丰沛、日光充足，气候湿润，为樱花成功落户发放了通行证。

东湖之滨，珞珈山麓，武汉大学（简称“武大”）校园里的樱花，一朵朵、一簇簇，在春日暖阳的映照下鲜艳夺目，分外娇美，与校园里古朴典雅、气势恢宏的建筑群相映成趣，堪称武汉樱花的精品。

也许是莘莘学子的精心呵护，也许是大自然的慷慨赐予，武大的樱花格外独特。稳健端庄，整齐有序，在校园大道两旁一字排开，充满历史厚重，饱含人文底蕴，把成熟的美展现得淋漓尽致。历经80多年的风风雨雨，依然健美如昔，还常常追赶潮流的时髦。就像姑娘们一样，季节未到，就匆忙换装，展示自己美丽的身姿。冬天刚过，武大樱花便耐不住寂寞，迫不及待地吐出粉嫩嫩的花蕊，提前开放，给珞珈山的早春增添无限风光。据统计，近20年来，武大樱花初花期一般在3月12日左右，比50年前提早了约两周。而谢花期一般在4月3日左右，比50年前大约推后两天。整个花期约19~25天，比50年前大约延长了16天。

影响樱花花期变化的气象因素主要包括阳光、温度、湿度等，其中，冬季气温是樱花花期早晚的决定性因素。冬季气温高，花期就会提前，即冬季或2月的平均气温每升高1℃，樱花初花期将分别提前2.86天和1.66天。相反，冬季气温低，花期就会推后，尤其是开花前30~40天的累积温度高低，最为关键。也可以说武大樱花花期的变化，精确地反映了武汉气候的冷暖变化。

据研究，在过去的100多年里，尤其是近50年来，全球气候变暖明显。湖北年平均气温上升了0.9℃左右。包括武汉在内的我国大部分地区，从1987年开始了长达20多年的暖冬。气候变暖必然导致对气温变化极为敏感的物候期发生相应地调整。专家推测，如果未来气温继续升高，武大的樱花就会频繁地在冬天开放。

走进2001年正式对外开放的东湖磨山樱花园，则是另一番景致。这里的樱花年轻、秀美、清雅、纯洁，灿烂动人，好像俏皮的精灵，漫天飞舞，依着青青山坡，激情盛开，雪白一片。在生命的周期里，虽有“樱花七日”之说，但她们缺位补位，团结合作，长达20多天，总是给人以甜甜的微笑，这怎不让人怜香惜玉，流连忘返？

樱花树下的她,小鸟依人,倾听绵绵花语，许下山盟海誓；樱花树前的他，全神贯注，凝心聚气，寻找创意的灵感，捕捉艺术的神韵，极力定格美好的瞬间。樱花树后的他、他、他，培育、养护、研究，辛勤劳作，乐此不疲。

到了傍晚，塔楼前，树丛中，水池下，华灯齐放，火树银花，流光

武汉樱园樱花烂漫
摄影：陈石定

溢彩，如梦如幻，让游客感受万般的浪漫。人们的思绪总能在这样的时刻,滑过樱花的边际,款步灵魂的阡陌。细细思忖，她默默地，静静地，装点江城的绚丽，渲染武汉的豪华。

香城泉都惹人醉

人们常说“金秋送爽，丹桂飘香”，也许在咸宁的十月更能真切体味到这诗句的美妙。

被誉为“中华桂花之乡”的咸宁，房前屋后、街头巷尾、城里城外、山坡高岗，无处不桂，无桂不花，无花不香，方园几百里都有桂花潇洒绰约的英姿。早在2300多年前，伟大的爱国诗人屈原曾留下“奠桂酒兮椒浆”“沛吾乘兮桂舟”的诗句，好酒、好船，字里行间无不是对桂花的肯定。

桂花树，阔叶乔木，四季常绿，喜欢生长在温暖地带，抗逆性强，耐高温，不怕寒。有金桂、银桂、丹桂、四季桂等四大种群。桂花，不

妖不媚，不粉饰，朴素而高雅，“叶密千层绿，花开万点黄”（南宋朱熹《咏岩桂》）。每到仲秋时节，丛桂怒放，夜静轮圆之际，把酒赏桂，陈香扑鼻，着实令人神清气爽。有人说在寂静的月夜，忽闻桂花馥郁的芬芳，那是吴刚与嫦娥辛勤劳作的结果，是天香。其实，月夜的桂香也许是“山谷风”的贡献。

咸宁地处幕阜山脉北麓，整个地形由西南向东北倾斜，基本属低山丘陵区，这为山谷风的形成提供了便利的条件。山谷风是局地性的风向周期性变化，白天吹谷风（由谷底向山顶吹），夜晚吹山风（由山顶向谷底吹）。故每当秋色笼罩的夜晚，山坡上那酝酿了一天的浓浓桂香，就会被山风裹挟沿山坡流淌，轻盈地飘荡在山谷的风中，与原地桂香叠加，更浓郁，更持久。尤其是生活在山脚附近的人们，就着月色，尽情感受秋日的清凉，陶醉于那满城的花香，品悟一种释然的情怀，享受一份难得的惬意。

沐浴皎洁的月光，品味淡淡的桂香，躺在露天温泉池里，是另一种极致的享受。说来也怪，老天爷好像早就为凡夫俗子们准备了这天然的绝配。

温泉水温一般超过20℃，水温高于当地年平均气温的泉也称温泉。其形成主要是地壳内部的岩浆作用所致。火山活动过的死火山地形区，其地底还有未冷却的岩浆，会不断地释放出大量的热能，因此附近有孔隙的含水岩层便会受热产生高温的热水。还有一些温泉的形成是地表水渗透循环作用所致。也就是说当雨水向下渗透，深入到地壳深处形成地下水，受地热加温成了热水，这些热水受压力作用，或者机械抽吸流出地表，就成了温泉。

由于咸宁地质构造位置处于扬子准地台梁子湖凹陷与咸宁台褶束交接部位，地层出露较全，地质构造复杂，岩浆活动频繁，为地下水加热提供了充足的热源。咸宁区域年平均降水量近1600毫米，部分被裸

桂花仙子
摄影：张大乐

咸宁温泉
摄影：张大乐

露于地表的碳酸盐岩吸收，通过岩溶通道，经历50年以上的漫长历程，源源不断地注入，为其准备了丰富的水源。研究表明，咸宁地热水以降水渗入补给为主，且受高山降水影响为甚。正是由于地热、水源，才有了咸宁温泉的百年不息，仅潜山北坡脚下的淦水月亮湾河段河床，就有泉眼14处，其中最大一处流量为0.02米^3/秒，相当于每秒20升的流量。

秋天泡温泉、闻桂香固然是一种雅趣，然而若想真正体会到温泉荡涤心灵的卓然魅力，领略大自然的另一种美妙，那么就一定非冬天莫属了。

咸宁隆冬，寒风料峭，冷气袭人，漫天飞舞的雪花，弥漫整个都市，弥漫整座山冈，一切都是那样的银装素裹，一切都是那样的洁白无瑕。而在户外的温泉池里，却是热气腾腾、水雾袅袅。年轻的俊男靓女们在温泉中愉悦身心，感受大自然的非凡赐予。老人们在温泉中舒展筋骨、镇惊安神，接受48种有益矿物质元素对身体机能的调理。

温暖的泉水，冰冷的雪花，两幅图景在这里完美交融；冷热交加时，冰火两重天，两个极端在这里有机组合。欣赏、体验、玩味大自然，注定成为一段难忘的回忆。

风声竹影九宫山

位于咸宁境内的九宫山，奇峰耸立，幽谷纵横，平湖如镜，竹林似海。一曰“九天仙山”。这里主峰海拔1656米，全年平均气温14.3℃，夏季平均气温21.9℃，比北戴河低1℃，比庐山低0.7℃。午前如春，午后似秋，晚如初冬，又称“天下第一爽”。

初夏的早晨空气清新，雨后碧空如洗。进入心驰神往的九宫山，首先映入眼帘的是满山遍野、浩瀚无垠的竹海。挺拔苍翠，郁郁葱葱，简直是竹的王国、竹的世界。联想明月竹间照、清泉石上流的夜晚，月儿低挂竹梢，清辉洒满竹林，朦胧恬静的月下竹影婆娑，注定有着更多的惬意。

九宫山森林面积大约40千米^2，其中三分之一为楠竹林。生长于九宫山的楠竹被统称为毛竹，又别于毛竹。楠竹实际上是毛竹中最名贵、最有使用价值和经济价值的一种实用竹。由于楠竹竹叶表面带有细小的绒毛，且拥有大量的凹痕，所以能将空气中的粉尘吸附住，这使得竹林吸附灰尘的能力很强。凡经过竹林绿化带，尘土量可减少50%左右。竹子的释氧量也比其他植物多35%。在旱季还能形成大量的

竹海银装
摄影：张大乐

水滴，提高周围环境湿度。也许正是有了竹林的净化，九宫山的空气才如此清新。

穿过竹海盘山而上，就是风景精粹之地，即镶嵌在九宫山凤凰岭盆地中央、中国最具特色的高山湖泊——云中湖。因其峰顶耸入云表天际，气温低，湿度大，常有雾团飘于湖面，云绕雾缭，故名云中湖。云中湖海拔1228米，面积逾百亩，蓄水量100多万米^3，最深处达35米。区域内年均降水量近2000毫米，降水沿山坡向湖中汇流，为云中湖带来了丰富的水源，累积了充足的能量。它好像一个巨大的热容器，白天大量吸收周边的热量，致使空气升温不那么剧烈，晚上再慢慢地释放补充，以至于夜间气温下降不那么迅速，因此，九宫山的日气温变化始终是那么平缓。这不，时近中午，烈日当空，虽是初夏，感觉还有些许寒意。

驻足眺望，湖边四周群峰耸立，山峦连绵起伏，绿色的松杉和珍贵的银杏交织其间，各种建筑精巧、风格独特的楼阁亭榭倚山傍水，把云中湖点缀得更加瑰丽。俯首向下，湖面一平如镜，湖水碧绿清澈，峰峦倒映，蓝天白云，五彩缤纷，令人心旷神怡。蓦然，微风乍起，细浪跳跃，搅起满湖碎金，美不胜收。浪漫的诗境，醉人的画卷，或投石击水，或荡舟湖面，或漫步幽径，充满柔情诗意的云中湖，任你享受夏日的阵阵清凉。

夕阳西下，晚风渐起。依老崖虎山，傍西流溪水，坐南朝北的闯王陵，独自默默坚守，显出些许凄凉。传说1645年初夏，时年39岁的农民起义领袖闯王李自成，由武昌挥师东下南京,因形势逆转，征途受阻，从江西武宁取道太平山进入通山,在九宫山下李家铺突遭清军袭击仓促突围，殉难于九宫山牛迹岭，“有庄人怜者草葬之”。是的，“青山处处埋忠骨，何须马革裹尸还”（清代龚自珍《己亥杂诗（之一）》）。

位于海拔1560米的九宫山铜鼓包东西方向的山脊上，错落有致地排列着16台风力发电机组，在晚霞的辉映中迎风起舞，显得十分欢畅。注目那一朵朵洁白绚丽、硕大无比（叶轮直径58米）的“三瓣花”，你会流连，你会陶醉，你会惊叹。当呼啸的风能推动叶片，叶片带动转子，转子切割磁力线发电，便完成了由风能向电能的转变。近3000万度强大的电能传向四面八方，照亮千家万户的美妙时刻，更彰显了大自然的慷慨赐予，更证明了人类的聪明伟大。这就是湖北首座，也是我国内陆地区第一个正式投入运营的风力发电项目——九宫山风电场，总装机容量为1.36万千瓦。美丽的“三瓣花”为国家级风景名胜区又增添了一道亮丽的风景。

九宫山地处华北平原和鄱阳湖平原之间的季风通道，是理想的天然风场。像这样的天然风场，湖北还有多处。初步探明的风能资源丰富区主要集中在“三带一区”，即荆门—荆州、枣阳—英山、部分湖岛及沿湖地带，鄂西南和鄂东南部分高山地区，可装机容量为332.8万千瓦。

在石油紧缺，煤炭紧缺，人类一次又一次地拉响能源警报，一次又一次地呼唤节能减排的今天，风能、太阳能等更多清洁能源的开发利用是人类的必然选择。

九宫山上的“三瓣花”
摄影：张大乐

四月麻城看杜鹃

距麻城市21千米，大别山中段龟峰深处，百万年来，杜鹃仙子、杜鹃公主、杜鹃王后们在这里静静地、默默地，悄然绽放。这里杜鹃面积最大、树龄最老、保存最完好、株型最优美、景观最壮丽，在华中地区堪称一绝，在全国也属罕见。真可谓“漫山遍野红似火，道道山岭彩霞飞”。

杜鹃花又名映山红，最适宜生长的温度为15～25℃，高于30℃或

低于5℃则停止生长。农历每年四月底前后开花。随海拔高度的增高，花期时间有所不同。一般相差3～5天，最长相差7天。正常气候条件下，整个观赏期约25天。须晴日，看麻城龟峰，浩瀚无垠的红杜鹃，一团团，一片片，开得雍容灿烂，如火如荼，或高或矮，或密或疏，嵌在绿色的山峦间，显得格外壮观。杜鹃红得妩媚，艳得清幽，从不张扬，从不贪图，只需一点点阳光就会露出灿烂的微笑，被誉为花中西施。这是季节送给大地的礼物，更是大地对生命的恩赐。

“人间四月天，麻城看杜鹃”。麻城的四月，尤其是龟峰山上，受天气、气候影响，有时晴空万里，艳阳高照，有时细雨蒙蒙，云雾弥漫。不论晴、雨、雾，龟峰火红的杜鹃总是以千般迷人的风姿，潇潇洒洒地尽情装点一方天地。

龟峰山的早晨，略带些许寒意。晨曦在湿润的大气层中经过无数次折射，为满山杜鹃披上一抹金色的朝晖。远远望去，像火像霞，顺着山坡流淌，翻腾着紫红的波、粉红的浪。沐浴暖暖春阳，置身万亩花海，在山坡小径凝视那团团簇簇的杜鹃，姹紫嫣红，映红了姑娘的脸庞。那含苞花蕾，玲珑别致，触动着小伙的心房。随着气温升高，光合作用加强，杜鹃的淡淡幽香从花海溢出，沁人心脾，给人一种飘然如醉的感觉。大自然赐予的旷世奇景，直逼你的视觉，震憾你灵魂的深处，好一份诗情，好一种享受。

午后细雨蒙蒙，大片大片的红杜鹃仿佛在雨中燃烧，一地飞红铺展。沾满雨珠的杜鹃花，竞相争艳，更显婀娜温柔。尤其是生长在海拔1166米的杜鹃王，以其冠茎6米、枝干56条、树龄300多年，而被誉为“中华花王”，经风雨洗礼，更加飒爽英姿。然而，雨势较大的地方，也有花儿受到毫不留情的摧残，有的花儿来不及展现更多的风姿，就匆匆告别枝头，扑向大地的怀抱，把山脊峰谷染成一片通红。“落红不是无情物，化作春泥更护花”（清代龚自珍《己亥杂诗（之五）》）。大

麻城杜鹃
摄影：崔讲学

自然就是这样神奇，常常会把丁点儿缺憾转换成另一种盎然的生机。

傍晚，细雨初歇，云雾弥漫，花的世界倾刻被笼罩在云雾之中。有时火红的杜鹃与白雾交相辉映，似一团彩云在山涧缭绕；有时雾锁群山，傲然山顶的红杜鹃又像光学幻景中的海市蜃楼。凝望山中的雾、雾中的花，一切是那样缥缈，一切是那样朦胧，若即若离，若隐若现，随意、自适、怡然地在人们眼前尽情舒展。倘佯在如此这般的人间仙境，忘掉了忧愁，忘掉了烦恼，身心与花海一起律动。

龟峰山杜鹃历经千年风霜雨雪，依然生机勃勃，枝繁叶茂。原生态保存如此完好，完全得益于龟峰山小气候暗中相助。这里受海拔高度、地形地势影响，冬暖夏凉，雨水充沛。冬季积雪时间长，雾日多，经常出现独特的“坡地暖带”现象，日最低气温随海拔高度上升而升高，有利杜鹃越冬。夏季蔽阴覆盖率高，加之雨水多，极端最高气温均低于35℃，基本上在清凉中度过。杜鹃花最怕的是倒春寒。杜鹃在花蕾膨大期，如遇较强冷空气活动带来的长时间低温阴雨天气，将会减缓生长速度，使花期推迟。如遇较严重的霜冻和雨凇，花蕾有可能会被冻死，失去往日的风采。

如今，龟峰山已没有了过去的宁静，常常人山人海，观者如潮，从此杜鹃走出深闺，与人类有了更多的亲密接触。杜鹃给了人类许多的灿烂，人类理应回报杜鹃更多的呵护，是耶？非耶？

麻城龟峰山
摄影：李必春

历史风云篇

荆楚文化博大精深，湖北历史波澜壮阔，有着诸多与气象息息相关的人物和故事。本篇将带您回顾历史，领略荆楚大地历史风云中的气象韵味。

炎帝农耕文化与气象

炎帝号神农氏，华夏始祖之一，与黄帝并称中华始祖。据《左传》《礼记》《帝王世纪》等古文献记载，炎帝诞生于湖北随州，因此，随州被称为炎帝故里。

炎帝神农氏创耕耘、植五谷、尝百草、兴贸易，开创了中华民族的

农耕文化、医药文化、陶瓷文化、市场文化、天文地理气象和原始艺术等文明。

远在5000多年前的炎帝时代，人们还没有发明火，只能生吃植物的果实和鸟兽的肉，没有发明织布用的麻和丝，只能穿野兽的毛皮御寒保暖、遮羞，生产力水平十分低下，抵御自然灾害的能力很差。作为部落首领，要维持其部落生存和发展，就必须要占据一定的地盘和生存资源，与猛兽进行争斗，与其他部落争夺资源，与各种自然灾害进行斗争，保护自己的族人，让他们衣丰食足，避免受冻挨饿。对于部落首领而言，其首要责任就是寻找一个自然条件相对较好，自然灾害较少，土壤肥沃，可以刀耕火种的地方安居生存。当时的随州，就是符合这些要求的好地方。

随州位于长江和淮河流域之间，境内大洪山和桐柏山遥相对峙，分布在其南北。随州境内的府河是一条有103条大、小支流的小河，含有涢水、溠水、漂水等历史上著名的河流。103条支流呈叶脉状在随州大地上构成了一个完整的水系，干旱不怕；百川出境，而无一客水入境，洪涝不怕。没有大的山峰，植被茂盛，种类繁多，地质构造稳定，没有地震造成的滑坡、泥石流等灾害；土地平衍广袤，河岸的两边有适合稻谷生长的沃土。

考古和相关资料表明，距今5000—6000年前，已有远古人类在随州生息劳作。近30年来，随州发现的旧石器时代和新石器时代遗址一共有57处，其中新石器时代就有56处，有23处出土的文物与炎帝所代表的新石器文明相关，与炎帝活动的时期相近。随州多个遗址中出土的大量猪骨，表明当时养猪业已经很发达，出土的众多酒器足以证明当时人们已经发明酿酒技术，粮食已经有较多富余。

粮食的丰富与当地适宜的气候以及先民们对气象条件的观察、理解和应用密切相关。位于随县三里岗的冷皮垭新石器时代遗址，与屈家岭

炎帝神农氏祭坛
摄影：雷涛

属同一类型，这里除发现石斧、石镰外，还发现一个陶豆，豆柄上有一幅北斗七星图像，这一发现将我国天文学历史提前到了史前时期，说明当时的原始农业已进入相对繁荣的阶段，人们已能根据气候变化规律，种植季节性很强的水稻等作物。

随州年日照时数为1950～2140小时，是湖北省光照资源富集地区。热量较丰富，年平均气温为15.1～17.1℃。全市平均无霜期为220～240天。年平均降水量为970～1100毫米，能充分满足水稻、小麦等主要农作物生长的需水量要求。随州地形复杂，既有海拔低于100米的平畈，也有海拔600米以下的低山丘陵，还有少部分海拔高于1000米的高山，各种局部小气候明显。尤其是在海拔500米以上的山区，气候呈立体分布，农业垂直地带比较明显。复杂的地形造成了多样的气候，多样的气候又营造了适合人类、动物、植物生长的气候环境。独特的气候资源和地理位置，也造就了随州农作物和植物的多样性，使随州成为湖北省重要的粮食主产地。

自然环境、生物资源和气候资源是人类赖以生存的物质基础。随州有着温暖的气候条件、良好的地貌特点、优越的生态环境，自古以来一直是动物栖息和繁衍的理想场地，也必然被早期人类开发利用，更是为炎帝创农耕文化奠定了坚实的基础。黄帝轩辕氏代表着粟作农耕的北方文化，同样，炎帝神农氏代表着稻作农耕的长江文化。炎帝依靠府河流域良好的地貌和温和的气候、充足的日照和丰沛的降雨，还有勤劳的人民，开发了这片很适合人类生存的土地。

炎帝神农氏在开创古代农耕文明过程中对自然和气候规律的认识、尊重和利用，以及对人与自然和谐相处的追求，为后世留下了宝贵的精神财富。

屈家岭稻作文化与气象

屈家岭文化因其原始文化遗址最早发现于湖北省直属五三农场屈家岭队（今荆门市屈家岭管理区屈家岭队）而得名，是我国长江中游、江汉平原地区新石器时代代表性的原始文化，也是湖北省第一个以省内地名命名的原始文化类型。屈家岭文化遗址也是我国长江中游地区发现最早、最具代表性的大型的石器时代聚落遗址之一。1988年，国务院公布屈家岭文化遗址为“全国重点文物保护单位”。如今，屈家岭文化已成为与黄河流域的仰韶文化、龙山文化齐名的新石器文化。

屈家岭遗址发现的稻作遗存，是长江中游第一次发现史前稻作遗存。1956年，在对屈家岭遗址进行第二次发掘时，考古学家新发现一处面积约500米^2、体积约200米^{3}的红烧土遗迹，这些烧土是由泥土掺杂稻壳和稻茎叶做成的，上下密结成层。烧土块中含有大量粳稻谷壳，经分析为粳米型，与今天栽培的粳型品种相近。

屈家岭遗址出土了大量小陶杯，其数量比例远远超过其他任何一种陶器，许多学者都认为这种小陶杯是一种酒器，如果没有多余的粮食，普遍酿酒是不可能的。出土的陶杯、陶盏等饮酒器皿，表明当时的农业种植面积在不断扩大，生产力水平在不断提高，已有多余的粮食用来储存、酿酒了。在屈家岭文化层中还发现了大量家猪的牙齿，这也说明当时饲养业较发达，粮食确已有剩余。

大量的稻谷遗存，为研究当时稻作农业生产水平提供了重要资料，同时也推翻了中国水稻外来的说法。考古发掘表明，长江中游及江汉地区是水稻种植的重要源头，江汉流域早期的农业生产，是以稻作为主的，属于我国传统的水稻种植区，屈家岭的先民们已经熟练掌握水稻的种植技术了。

遗址的发掘足以表明屈家岭的先民们十分注重运用气象条件发展农业生产。他们在城址和聚落地点的选择上，以此地是否适于稻作农业生产为取舍条件，而发展稻作农业首先要解决的是水源问题，屈家岭城址中发现了较复杂的人工灌溉系统，说明当地的雨水比较充沛。

屈家岭遗址地处大洪山南麓与江汉平原的交接地带，北倚连绵起伏的太子山，西南是地势平坦、一马平川的江汉平原。核心遗址是海拔40～50米的或聚或散的小丘陵，东面是古老的青木档河，西面是其支流青木河，两条河流自遗址北部从东、西两面环绕而过。屈家岭位于典型的季风区内，属北亚热带湿润大陆季风气候，年平均降水量1000毫米左右，雨量充沛，且雨热同季，水热配合协调，光照充足，热量资源丰富，这些地理、气候条件为史前水稻大规模种植提供了必备的前提条件。

屈家岭自然禀赋好、生态环境优，是5000多年前神农氏祖先留给湖北人民的一份厚礼。

石家河文化的兴衰与气象

石家河文化遗址位于湖北天门市石河镇近郊的石河土城遗址，距今已有3500～4000年的历史。20世纪70～80年代，先后出土石器、陶器、骨器、粳稻和青铜器等文物数万件，并发现陶祖这一原始社会父系氏族时期的重要标志性文物。石家河文化代表了长江中游地区史前文化发展的最高水平。1996年，国务院公布石家河遗址为“全国重点文物保护单位”。

整个农耕社会，基本上是“靠天吃饭”，气候环境的变化对人类活动影响很大，甚至具有决定性的影响。石家河文化的兴盛与气象密切相关。

研究表明，全新世中期是全新世中最温暖潮湿的时期，平均温度比现今高2～3℃，降水量比现今多200毫米以上，称为适宜气候期。高温湿润的适宜气候环境使人类文明发展出现了一次飞跃，进入了新石器时代。公元前7000～前5000年的新石器时代中期，在长江流域产生了较稳定的稻作农业。稻作农业生产逐渐成为当时一个独立的经济类型。在石家河文化的一些遗址中常发现有炭化的稻米和稻壳，尤其是各遗址发现红烧土中普遍掺杂大量的稻壳和稻草，表明当时的稻作农业生产已普遍成熟。

但是，寒冷、暴雨等极端气候则直接导致了石家河文化的衰退。气候恶化论认为，距今4000年前，出现了长达300多年的严寒气候，导致以稻作农业为主的石家河文化一蹶不振。持“洪水论”观点的专家认为，距今4000年前后发生过特大洪灾，给石家河先民造成灭顶之灾。到全新世晚期，长江中游气候开始出现由热变冷、由湿到干的转变。气候变迁使稻作农业衰落下去，土城和聚落也随之衰落，甚至被废弃。

著名的大禹治水事件发生在约4000多年前，尧、舜、禹时代的大洪水，至少在长江流域持续了几十年。在大约4000～4200年前这个时间段，出现了一次普遍降温事件，对古文明的打击很大。《古本竹书纪年》有“三苗将亡，天雨血，夏有冰”的记载。考古证明，当时气温达到最低。贵州董哥洞、湖南莲花洞、湖北神农架山宝洞、辽宁本溪水洞的石笋记录也显示这个时间段有一个弱季风期。这一次降温可以导致东亚夏季风强度减弱，季风北界南移，导致黄河和珠江流域降水减少，而黄淮和长江流域降水增加，呈现南北旱、中间涝的格局。

石家河大规模的土城，记录了当时人们抵御暴雨洪水灾害的历史。当时，长江中游属于北亚热带气候类型，年平均气温约15℃，雨量充沛，常发洪水灾害。专家研究认为，“长江中游在全新世中期曾发生四次大规模洪水”。古人类用自己的智慧和力量筑起了抗洪土城，将水稻田围在土城内，使其在洪水来时不受损害，使两湖平原的稻作农业文化继续向前发展。但这种抵抗在天灾面前显得十分脆弱，特大洪水来临，终于超越了土城的保护能力，致使石家河文化走向衰落。

当长江中游文化走入低谷时，黄河流域文化更加迅速发展起来并南下长江中游，从而加速了炎帝部族文化与黄帝部族文化交流融合的进程。

石家河遗址
摄影：刘望平

纪南故城与气象

楚纪南故城遗址位于湖北省荆州古城北约5千米处，是春秋战国时期中国南方最大诸侯国——楚国的郢都故址。因地处纪山之南，汉以后被称为纪南城。

楚国迁都纪南城原因很多，但适宜的气候条件无疑是迁都的理由之一。

迁都纪南城以前，楚国的国都是丹阳，现在考古学界认为古丹阳位于今河南省淅川县丹水和淅水交汇一带。历史和考古研究表明，当时纪南城温润舒适的气候条件不仅有利于楚国因地制宜发展水路交通，促进商业经济繁荣，也使得纪南城周边的农业生产十分发达，为频繁的军事扩张提供了丰厚的粮食和物资保障。《楚辞·招魂》描述了当时纪南城的天气和气候特点："冬有突厦，夏室寒些。川谷径复，流潺湲些。光风转蕙，汜崇兰些。……坐堂伏槛，临曲池些。芙蓉始发，杂芰荷些。……兰薄户树，琼木篱些。"大意是：冬天有温暖的深宫，夏天有凉爽的内厅。山谷中小径曲折，溪流发出动听的声音，阳光下微风摇动蕙草，丛丛兰草散发着芳香。……坐在堂上倚着栏干，面前是弯弯曲曲的池塘。荷花刚开始绽放，中间夹杂着荷叶肥壮。……丛丛兰草种在门边，株株玉树可以当作篱笆。

从考古工作已经发掘的成果来看，纪南城址规模宏大。城址东西长4.5千米，南北宽3.5千米，面积约16千米^2。纪南城有城门10个，南北共有3个水门，水城门有3个并行的门道，均可容3米宽的船行驶通过。7个陆门也有3个门道，中间驰道有8米宽，供楚王进出，两个旁道宽4米，供百姓平时进出。纪南城内区域划分明确，有宫殿区、贵族区、平民区和手工业作坊区。据《史记·楚世家》记载，自楚文王元年（公元前689年）将国都从丹阳迁到郢城，至楚顷襄王二十一年（公元前278年）秦将白起拔郢，楚国共有20代君王在此建都。在这411年中，楚国先后统一了近50个小国。全盛的时候，领域北至黄河、东至海滨、西至云南、南至湖南南部，纪南城作为楚国的政治、文化、经济中心，是当时中国南方的第一大都会。

正是当时稳定、湿润、适宜的气象条件对纪南城积累丰厚的物质基础、筹建便利的水路交通、形成科学的区域划分都起到了积极的作用，为楚国以此为中心称霸一时奠定了基础。

尽管如此，我们也不能忽视气候对纪南城的不利影响。纪南城位于亚热带季风气候区，季风活动具有不稳定性，故而多水灾。《列女传》载："（楚昭）王出游，留夫人渐台之上而去，王闻江水大至，使使者迎夫人……还则水大至，台崩，夫人流而死。"这说明纪南城所在之地多洪涝，洪涝对当时纪南城社会生活的危害很大。

由于社会生产和经济发展的需要，人们逐步加强了对洪涝的认识和防治，并建立起相应的防洪机制。楚都城址选择在纪山之南，后人因而称之为纪南城，城址海拔约34米，地势比一般城址高2米。都城规模巨大，选择纪山以南的丘陵地形作为城址，北靠纪山、南邻长江，符合楚人"因地势"的建城理念，能做到"高毋近旱，而水用足；下毋近水，而沟防省"，同时也能起到良好的排水防洪作用。据有关研究，荆江5000年来洪水水位不断上升，且增幅不断扩大，汉朝至宋、元朝增高2.3米，宋、元朝至今增高达11.1米，可知在先秦，纪南城所在之地之所以无长江洪水威胁，重要原因之一就在于其城址选择充分考虑了防洪因素。

当时纪南城的城市内已具备下水管道性质的排水设施，设计为圆筒形管道，管道厚实，既有利于排洪，又结实耐用，具有现代城市的排水管道功能，其科学性很强。大雨或大水来临之际，建筑上的雨水及周围的多余水流可流入排水管道，由排水管道流至城内河流并随之排出城外。可见，城内排水管、排水沟、排水管与护城河连为一体，加之建筑本身具备的高台基模式，共同形成了城内建筑良好的排水、排洪系统。

站在故城遗址，遥想当年楚国的繁盛，你难道不会感叹楚人顺天制天的大智慧吗?

纪南城遗址
摄影：杨锋

“军转民用”的水利工程
——战国长渠

说起中国古代著名的水利工程，人们首先想到的是都江堰、郑国渠，但在鄂西北襄阳境内，有一个比都江堰早23年，比郑国渠早33年的水利工程——长渠。

长渠又称“百里长渠”“白起渠”等，西起南漳县武安镇谢家台村，东至宜城市郑集镇赤湖村，总长49.25千米。公元前279年，秦昭王派遣大将白起攻打楚国的别都——鄢城(今宜城)，楚国在鄢城部署重兵把守，久攻不下之时，白起想到了“以水攻城”的另类战法，即利用鄢城及周围地理、地势等自然条件，在距鄢城百里之遥的蛮河河段上垒石筑坝，挖渠引水，用大水冲毁了鄢城。

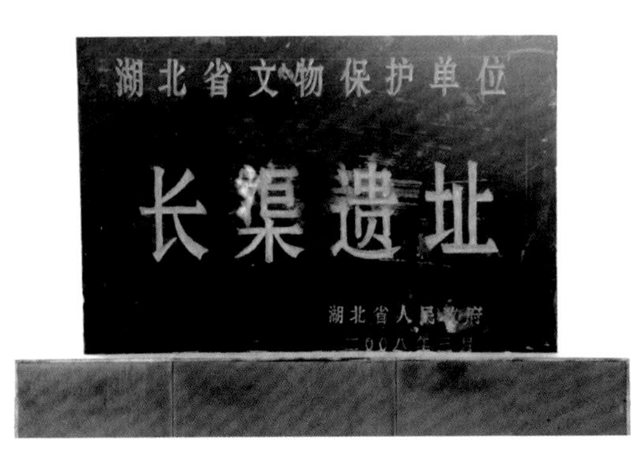

战国长渠遗址
摄影：刘庆忠

战后，白起被封为武安君，南漳县武安镇由此得名，当地老百姓也利用此渠灌溉农田，长渠由此“军转民用”。

长渠到了宋至和二年（1055年），被毁失修已经很久了，而农田屡遭大旱，靠河饮水的人们无从取水。县令孙永带领在长渠下种田的百姓，对长渠进行修复疏通，恢复了长渠调剂水资源的功能。

1939年，抗日名将张自忠率部驻防宜城地区，发现很多农田因缺水而插不上秧，当地乡绅称“维修长渠方能根除旱魔”。张将军遂电请湖北省政府复修长渠，称“当地原有长渠一道，蜿蜒七十余里，灌田三十余万亩。嗣后渐次湮废，以致水旱更迭、灾害频仍。若加修浚，岁可增产粮食百万石左右”。此次施工历时5年，终因时局动荡未能完成。

千百年来，长渠屡废屡修，如今仍在调节水资源、防汛抗旱和农业灌溉等方面发挥着重要作用，这与当地天气气候特点密切相关。

长渠灌区主要在宜城市境内，宜城地处号称“旱包子”的鄂西北，与鄂西南、鄂东南相比，年均降水量偏少近5成，降水集中期为每年的5—9月。降水时空分布不均，造成夏季雨水集中，降水强度大，容易形成洪涝，而在冬、春季节，降水偏少，常常造成长时间干旱。历史上，关于宜城地区遭受暴雨洪涝和干旱灾害的记录并不鲜见。统计表明，新中国成立后至2007年的59年中，宜城有33年受旱灾的记载，有时甚至长达40多天不下雨。

易旱易涝、旱涝并存的气候环境迫使人们修渠治水。人们在开发利用长渠的灌溉功能上，首创了“陂渠串联”的水利灌溉方式，就是将长渠与沿线的堰塘水库等串联起来，雨季雨水集中时依靠堰塘蓄储水源，不让水源白白地流走浪费，旱季干旱时堰塘蓄存的水源通过渠道流入农田，对水资源在地区分布和时间分配上很好地加以调节，最大限度地提升了水资源的利用程度，起到了增加灌溉面积和提高灌溉效率的作用。目前，长渠灌区已成为襄阳五大灌区之一。

火烧赤壁的气象原因

赤壁
摄影：李必春

诸葛亮借东风火烧赤壁的故事，已是家喻户晓，妇孺皆知，但这个故事纯属历史演义。历史上，火烧赤壁是确有其事的，不过，不是诸葛亮借来的东风，也不是诸葛亮指挥的功劳，战争是周瑜指挥的，东风也是赤壁地区一种客观的天气现象。

赤壁之战是中国历史上著名的以弱胜强的战争之一。汉献帝建安十三年（208年），曹操率领水陆大军，号称百万，发起荆州战役，然后讨伐孙权。孙权和刘备组成联军，由周瑜指挥，在长江赤壁(今湖北赤壁市西北，一说今嘉鱼东北)一带大破曹军，从此奠定了三国鼎立格局。赤壁之战是第一次在长江流域进行的大规模水上作战，也是孙、曹、刘各自都派出主力参加的唯一的战事。

赤壁之战，东风起了很大作用，唐朝诗人杜牧有两句名诗："东风不与周郎便，铜雀春深锁二乔。"意思是多亏老天爷把东风借给了周瑜，使他能方便行事，否则孙策的妻子大乔和周瑜的妻子小乔会被曹操抓到铜雀台去。京剧《群英会》中，曹操有句唱词："我只说十一月东风少见。"显然后悔自己对气象判断失误，吃了大亏。

赤壁之战的地点是在湖北蒲圻县(今赤壁市)赤壁镇。统计赤壁近30年的气象资料，东南风出现的概率只有3%，南风出现概率是4%，东风出现概率是7%，三个风向合计起来出现概率也只有14%。农历十一月的主导风向是东北风，东南风出现的概率更小。

从气候统计资料看，小概率事件的天气现象还是可能发生的。这在天气形势上看来，很像是一次锋面气旋天气过程。

锋面气旋在我国比较常见，春季最多，秋季较少。它是一个发展深厚的低气压系统，其中心气压低，四周气压高。空气从外围向中心流动，呈反时针方向旋转。所以，处于气旋前部（即东部）的地方，吹东南风；气旋后部（即西部），吹西北风。气旋内部盛行辐合上升气流，能造成大片降雨区。因此，当连续吹东南风时，往往预示天气将要变坏。谚云“东南风，雨祖宗；西北风，一场空”“东风雨，西风晴”，这是很符合赤壁当地实际的。

从现代天气图上，我们可以看到，当一个地方受到移动的闭合高气压中心影响时，风向是顺时针旋转的。当冷高压移到海上，高气压后部盛行的东南风就会暂时控制长江中下游地区。由于冬季冷高压南下过程中移动迅速，尾随南侵的后一股冷空气很快又到，所以，东南风持续的时间很短，往往被人们忽略。

周瑜是庐江郡舒地（今安徽庐江西南）人,孙坚、孙策、孙权是吴郡富春（今浙江富阳）人,他们对长江中下游地区的气候背景了如指掌，能利用气候条件周密准备、智勇兼施,采用风助火攻,取得了辉煌的胜利。

而曹操败就败在了不占地利。他是沛国谯人,20岁去了洛阳、顿丘，长期在北方征战,不熟悉水军渡江作战的方略。赤壁的气候对于曹操也是个谜，这个谜让他走向了失败。

草船借箭的历史与传说

“一天浓雾满长江，远近难分水渺茫。骤雨飞蝗来战舰，孔明今日伏周郎。”草船借箭是我国古典名著《三国演义》中最精彩的故事之一，是最能表现诸葛亮智慧的故事，这故事可谓家喻户晓。

故事说：周瑜为陷害诸葛亮，要求诸葛亮在10天之内造好10万支箭。当时，诸葛亮推测近日将有大雾天气，便向鲁肃借了20只草船在大雾之日驶往曹营，曹操因疑雾中有埋伏，便令士兵以乱箭射之。待至日高雾散，诸葛亮令收船急回，船轻水急，曹操追之不得，使诸葛亮既安全借得箭，又挫败了周瑜的暗算。

历史上确实发生过草船借箭之事。《三国志·吴主传》说，汉建安十八年（213年），曹操带兵南下进攻东吴的濡须（今安徽无为县城北），孙、曹两军隔江相持一个多月也没分出胜负。这天，孙权亲自坐一条大船到江面观察曹军动向，却挨了一顿猛箭。孙权船的一侧中箭太多，致使船身倾斜，将要翻船。孙权急中生智，将船调了个头，使船的另一侧也受箭，船身这才平衡，结果还平安无事地回到自己的军营。

这一历史事件经过小说家罗贯中的演义，成了经典的草船借箭故事。故事写得很精彩，撇开其中演义附会的成分不说，单就其中对气象因素的把握看，还是很有科学道理的。

草船借箭故事充分展示了诸葛亮丰富的气象知识。诸葛亮接受任务时，正是晴朗少云的深秋季节，日温差大，夜间气温下降很多，空气极易达到过饱和状态而使多余水汽凝结，长江又为大气提供了充足的水汽。诸葛亮见那几天天气单调，少有变化，风力微弱，完全具备了形成大雾的条件，他凭着对天气变化规律的认识，料定三日之后会出现大雾。

雾是悬浮于近地面空气中的大量水滴或冰晶，使空气水平能见度变小的天气现象，雾的形成过程就是近地面大气中水汽凝结的过程。形成雾的基本条件是近地面空气中水汽充沛，有使水汽发生凝结的冷却过程和凝结核存在，同时要求风力微弱，大气层较稳定。“上知天文，下通地理”是军事家必备的素质，诸葛亮以其丰富的气象和气候知识，化险为夷，也为后人留下了千古佳话。

关羽巧借山洪淹七军

《三国演义》中以关羽为主人公的英雄事迹颇多，如千里走单骑、单刀赴会、义释曹操、水淹七军、玉泉山显圣等，其中，关羽放水淹七军的故事读来令人惊心动魄、无限感慨。

水淹七军事有所本。《三国志》中《关羽传》和《于禁传》都写得很清楚：时值秋天，大雨连绵，汉水暴涨，平地水高五六丈，关羽率领的荆州水军适应这种天气，而于禁、庞德率领的是北方军，不适应水战，被洪水冲没，于禁投降，庞德被杀。

但是《三国演义》的描写却与史实相差很远。罗贯中笔下描述的是：关羽料定秋雨季节必有大水，先堵住低湿地带，自居高处，然后“放水淹七军”。史官有诗曰：“夜半征鼙响震天，襄樊平地作深渊。关公神算谁能及？华夏威名万古传。”

不论关羽“巧借山洪”是否真实，从气象学的角度来分析“放水淹七军”，还是有科学道理的。

从地势上来分析：樊城之北的罾口川、鏖战岗、余家岗到团山铺一带，是汉江故道河床低洼地带，是上唐河、白河、小清河及西北的普沱沟、黄龙沟、黑龙沟等地的山洪暴发之水会聚之地，周围是一些不高的小土丘。当连续暴雨、汉水猛涨时，此地不仅是雨水的汇聚之地，更是山洪的易发地段。由于关羽长期征战在荆襄地区，了解当地的地理环境和地势地貌，“巧借山洪”水淹七军获得成功，是合乎情理的。

从整个大气环流来看，入秋后，随着西太平洋暖高气压的北移，湖北西北部正好处于暖高气压的边缘，南下的冷空气在此与暖高气压交锋，很容易形成秋风秋雨，出现暴雨天气、导致山洪暴发，也在情理之中。

从气候史料也可以验证襄阳秋季多雨。查阅襄阳1951—2000年降水资料，此地汛期6—7月平均降水量是241.1毫米，而秋季8—9月平均降水量也有229.1毫米，前后竟相差无几，这与武汉少雨的秋季气候是存在着显著差异的。

从历史天气个例也可以证实襄阳秋季降水强度较大。2013年9月23日08时到24日08时，受台风“天兔”外围云系及地面冷空气共同影响，襄阳出现全市大范围降水，其中，南漳中东部、市区中南部、枣阳西部、宜城中西部、谷城中部地区出现50毫米以上强降水，其他地区以中到大雨为主；雨量超过50毫米的有77个站，其中超过100毫米的有13个站；最大降水出现在尹集白云社区，达到了136.8毫米。

关羽“巧借山洪”水淹曹军，正是利用了襄阳的地势特点和秋季的天气气候规律，才取得了战争的胜利。由此可见，战争中巧用天时地利，往往可以出奇制胜。

火烧连营退蜀军

夷陵之战，又称彝陵之战、猇亭之战，是三国时期蜀汉昭烈帝刘备对东吴发动的大规模战役。章武元年（221年）七月，也就是刘备称帝三个月后，以为名将关羽报仇为由，挥兵东征东吴孙权。孙权求和不成，决定一面向曹魏求和、避免两线作战，一面派陆逊率军应战。陆逊用以逸待劳的方法，阻挡了蜀汉军的攻势，章武二年（222年）八月在夷陵一带打败了蜀汉军。

猇亭之战虽说是由于刘备义气用事导致失败，但气象因素在此战中也起到了很关键的作用。

地理与气象是一对“孪生兄弟”。刘备选择树林阴凉处安营扎寨，犯了兵家大忌。“坐山观虎斗”的曹操闻之笑曰：“刘玄德不晓兵法；岂有连营七百里，而可以拒敌者乎？包原隰险阻屯兵者，此兵法之大忌也。玄德必败于东吴陆逊之手，旬日之内，消息必至矣。”留守成都的诸葛亮也叹曰：“汉朝气数休矣！……包原隰险阻而结营，此兵家之大忌。倘彼用火攻，何以解救？”

彝陵河谷地区是湖北夏季高温区之一，极端最高气温多在40℃以上，如宜都极端最高气温达到了41.4℃。当时是酷暑天气，三军整天被烈日暴晒，取水又不方便。如果不移军，不战死，也要被晒死、渴死。气候条件对刘备极为不利。

陆逊火烧连营，其实是一场人为的森林火灾，风在其中起了很大的作用。俗话说："火借风势，风助火威。"风不但能降低森林中的水分，加速可燃物中水分的蒸发，而且能加快燃烧速度，变小火为大火。更严重的是，风对火灾的扩散、蔓延起了决定性的作用。强劲的风力还可引起"死灰复燃"，重新引发森林火灾，给扑救工作带来很大困难。

"火借风势"说的是风对火的作用。森林着火后，浓烟伴随火焰，需要不断供给氧气助燃，而风正好供火之需，带来大量氧气，使之加剧燃烧。当风速特别大时，还可把正在燃烧的枯枝烂叶卷起，随风运行，越过障碍，成为新的火源，可见，风对火不仅有助燃作用，而且还能扩大火线，增加火源，使燃烧面越来越大。

反之，火对风的形成也有很大的推动作用。森林着火后，火区内温度高于火区外，空气受热膨胀，就会迅速上升，周围空气流进来补充，这就形成了大的旋风。空气的强烈抬升，还可把火焰带到高处，使树冠发生燃烧，火种被旋风搅起，刮到天空，飘落远处，同样可播下新火种，引起新火灾。

森林火灾中，风与火正如一对狼狈为奸的恶魔，相互勾结，彼此依存，一个推波，一个助澜，无情地吞噬着人类的生命财产。所以，一旦森林火灾形成，没有强大的外界力量制约，是很难熄灭的。陆逊能打败强大的刘备，风与火这对狼狈为奸的恶魔起了很大的作用。

天灾与绿林起义

绿林寨古兵寨
摄影：王文举

一说起绿林好汉，人们便会想起“替天行道”的水泊梁山一百零八好汉。其实，绿林好汉的“绿林”一词起源于比梁山寨起义早1000多年的西汉末年，中国历史上第二次大规模农民起义——绿林起义。

绿林起义的史实，在《汉书・王莽传》《后汉书・刘玄传》和《资治通鉴》中有明确的记载。北魏《水经注》作者郦道元在考察今京山境内的大富水源头时，曾到达今京山县三阳镇三王城村一带，看到过尚存规模宏大的“三王城”。京山绿林地区至今遗留有千年绿林古兵寨、擂鼓石、会盟台、歃血石等起义遗迹，绿林山的山岭还可见到大片的“古汉梯田”。

绿林山，就是大洪山的古称，大洪山因其山经常会出现洪水而得名，山脉大部位于湖北省荆门市境内，主峰位于湖北省随州市随县境内。大洪山自古名称很多，故曾名为涢山，汉代名为绿林山，晋、唐时名为大湖山，宋朝以后定名为大洪山。

天凤四年（17年），新市（今湖北省京山县）人王匡、王凤组织了以绿林山为根据地的农民武装起义，史称“绿林起义”。绿林起义既有王莽苛政之人祸原因，也有当年荆州地区连年大旱的天灾原因。

《后汉书・刘玄传》记载，西汉末年王莽篡权建立新朝，滥施新政，急征暴敛，土地兼并剧烈，阶级矛盾日趋激化。南方荆州一带连年大旱，赤地千里，民不聊生，人们成群结队进入山野沼泽挖荸荠充饥。新市因有大富水流经而沼泽地甚多，引来了不少求食的灾民。他们常常为了采食而互相争夺，官方还要收取山泽税，百姓苦不堪言。王匡、王凤生性耿直，仗义疏财，豪爽侠义，经常出面为灾民评理争讼，主持正义、解决纠纷，深得饥民的信任，被走投无路的饥民推为首领（时称“渠帅”），却被官府诬为“聚众造反”，横加镇压。王匡、王凤不得已，带领饥民奋起反抗，上了绿林山（今大洪山南麓许家寨一带），率众起义，发动了中国历史上第二次农民大起义。这次起义得到老百姓拥护，义军很快发展到七八千人，这支起义军以绿林山为基地，被称为绿林军，这次起义也被称为绿林起义。

纵观我国历史上的农民起义，往往都与天灾（气象灾害）密切相关。中国历史上第一次农民大起义——秦末的陈胜、吴广农民起义，是因为在去防守渔阳的路上遭遇连日的阴雨耽误了行程，按秦律要全部被处死，与其被处死还不如奋起反抗。东汉末年的黄巾起义也是由于全国大旱，颗粒不收而朝廷赋税不减，走投无路的贫苦农民才揭竿而起。唐朝的黄巢起义更是因为当年关东大旱而引发的。明末农民起义首先爆发于连年发生旱灾的陕北。清末的太平天国农民起义也是因为广西天灾人祸致使农民苦不堪言而爆发的。

铜绿山上数「风流」

黄石不仅是华夏青铜文化的发祥地之一，也是中国近代工业的发源地之一，素有“青铜故里”“钢铁摇篮”之美称。从殷商开始，3000多年绵绵不息的开采冶炼，展示了华夏祖先的聪明与智慧，成就了黄石矿冶历史的光辉与灿烂。

考古发现，位于黄石大冶的铜绿山古铜矿遗址，像一部中国矿冶文明的鲜活史书，完整地记录了古人井下开采的点点滴滴。位于黄石铁山区的“亚洲第一采坑”，坑口有150个足球场那么大，坑口与坑底落差444米，采矿台阶层层叠压，纵横交错，是露天开采的历史宝典。尤其是在科学技术远不发达的古代，古人通过长期的摸索与实践，较好地解决了井下的通风、排水、提运、照明和支护等一系列复杂的工程技术问题，特别是运用气压差形成自然风流，解决矿井通风问题，真令人拍手叫绝。

在铜绿山7个已清理的古代采矿遗址中，在深达40～60米的地层下，数一数，发现竖（盲）井230多口，平（斜）巷100余条，井巷相连，四通八达。铜绿山的古人们正是借助这巧妙的井巷布局，利用井口不同气压差等技术，形成自然风流，从而供给井下足够的新鲜空气，满足矿工对氧气的需要，同时冲淡井下有毒有害气体和粉尘，调节井下气候，创造良好的开采环境，达到了安全生产的目的。另外，他们还密闭已废弃的巷道，引导风流沿着采掘方向流动，保证风流达到最深的工作面。同时在深井多层采矿中，还用竹材料燃烧，加热井内空气造成负压，促成空气的对流。也许古人并不知道“压差”的奥秘，但他们在采矿通风中把“压差”应用得淋漓尽致，充分证明了他们的聪明与智慧。

气压是指作用在单位面积上的大气压力，即等于单位面积上向上延伸到大气上界的垂直空气柱的重量。气压的大小与海拔高度有关。一般随纬度升高而减小，而随高度升高则按指数律递减。气压的变化与温度也有关系，因气温升高时空气密度变小，所以气压在气温高时比气温低时要小些。一年之中，冬季比夏季气压高。一天中，气压有一个最高值、一个最低值，还有一个次高值和一个次低值。气压日变化幅度较小，故在不同时间、同一地方的气压也并不完全相同。

在大气环境中，空气由高压区向低压区流动，这种自然流动便形成了风。而在矿井中，由于井口垂直高度变化，气压也发生变化。一般低坡处是高压井口，高坡处则是低压井口，空气通过巷道，由高压井口向低压井口流动，则形成了风流。现代科技专家以大冶铁矿东采矿井为例，从巷道围岩与空气的热交换机理入手，分析了自然风压的形成原理及过程，建立了主要通风井模型，对巷道空气流动及传热进行了数值模拟，并与实际测定数据进行对比，得出了夏季及冬季极端环境气温条件下的竖井自然风压的计算公式，证明古人采用的压差自然通风方式是科学的、有效的。

然而，数井巷风流，还看今朝。到了近代，湖广总督张之洞兴办钢铁，引进西方先进设备、技术和人才，变自然通风为机械通风，大大地提高了生产效率，把大冶铁矿建成中国第一家用机器开采的大型露天铁矿，成为汉阳铁厂的原料基地，世界瞩目。新中国成立后，我国决定重建大冶铁矿，将其作为全国第二钢都的原料基地。大冶铁矿采用更先进的技术和设备，年产铁矿石290万吨，成为中国十大铁矿生产基地之一，被誉为“武钢粮仓”。

持续开采1个多世纪后的今天，大冶铁矿矿石储量逐渐减少，2000年，大冶铁矿东露天采场封闭。铜绿山矿工的后人们开始了新的探索，十多年来，大冶铁矿人依靠科技的力量，根据黄石非常适宜刺槐生长的气候特点，用勤劳的双手，以大智大勇的气魄、坚忍不拔的毅力，在荒芜的废石场、废弃的排土场、闭库的尾矿坝上，植造了万亩槐林，让昔日的废矿披上迷人的绿装，成为新的亮丽景点，由此实现了从“采矿”到“看矿”的历史蜕变，达到了经济转型的目的。

天坑、遗址、槐林，相映成趣，蔚为壮观。站在槐林前，驻足天坑边，遥望铜绿山遗址，你会感叹人类的力量是如此强大，大自然的变迁是如此神奇。千载矿山留瑰宝，万倾槐林涌生机。地质景观与绿色景观的有机结合，工业文明与生态文明的和谐碰撞，将使黄石矿冶文化放射出更耀眼的光芒。

测风雷达『汉阳造』

“汉阳造”曾经创造了我国兵器自造的辉煌，也在我国气象测风雷达的制造史上打下了不可磨灭的烙印。

20世纪50年代，我国还没有掌握高空气象变化的测量手段。一次，中央文化代表团乘飞机出国访问，途中不幸遇到高空气象突变，发生事故。事后，由当时的中央气象局、空军等单位，联合向国务院提出报告，要求研制测风雷达以适应民航和军事发展需要。在周恩来总理的亲自关怀和批示下，我国开始自己研制测风气象雷达。这项研制任务，由清华大学、中央气象局和国营长虹机械厂共同承担。

国营长虹机械厂前身系“湖北枪炮厂”（1908年更名为“汉阳兵工厂”）。该厂是晚清时期洋务运动的代表人物张之洞到湖北后主持创办的军工制造企业，于1892年动工，1894年建成。虽然创建时间晚于上海、南京、天津等地军工企业，但由于不惜花巨资从德国购买了当时世界上最先进的制造连珠毛瑟枪和克虏伯山炮等成套设备，该厂所生产的汉阳式79步枪即著名的“汉阳造”、陆路快炮、过山快炮，均成为

701雷达
摄影：张洪刚

当时较先进的军事装备，这使该厂成为晚清规模最大、设备最先进的军工企业。

1960年，我国自主研制的第一部910测风气象雷达研制成功。在此之前，我国主要依靠光学经纬仪人工跟踪气球来测量高空风。910测风雷达是装有应答器的二次测风雷达，克服了不能测距的缺点，填补了我国当时测风雷达的空白。910测风气象雷达的面世意味着我国高空探测自动化迈出了第一步，有效地解决了光学经纬仪在阴雨天气无法获得高空风资料的难题。

现代测风雷达
摄影：张洪刚

测风雷达通过自动跟踪探空气球，测量以大气高度为函数的风速、风向以及高空大气的温度、湿度、气压等要素，对揭示大气结构、建立大气科学理论和提高气象防灾减灾能力具有重要作用，被称作天气预报的“千里眼”。我国有关部门的鉴定结论为：910二次测风雷达是一种气象雷达，采用应答方式工作，它和发射回答器的协调工作，可对高层大气进行综合探测。探测距离150～200千米，探测高度20～25千米，最低工作仰角可达8°，最小作用距离不大于300米，能测定方位角为±720°、仰角-1°～90°范围内之目标。测定坐标的精度斜距误差不大于80米，方位角和仰角（在8°以上时）的误差不大于0.15°。

汉阳兵工厂生产了12台910二次测风雷达以后，1965年转厂生产改为701型二次测风雷达（1965年，910雷达被命名为701雷达）。随后，701雷达开始得到批量生产，并被部署到我国各高空气象台站。截至20世纪70年代初，我国120个气象探空站全部配备了701测风雷达。

701测风雷达将我国高空探测由人工跟踪转为自动跟踪，使我国的高空气象探测技术达到了发达国家的技术水平。在1978年全国科学技术大会上，701型二次测风雷达荣获科技成果奖，910会战组被授予先进集体奖。

随着科技发展，701型测风雷达现已更新换代成新型的L波段二次测风雷达,与701测风雷达相比，其技术更为先进,自动化程度更高。

名人风采篇

伴着荆风走来，和着楚韵走来，于是，留下了风云激荡的动人故事，造就了风光旖旎的迷人景色，纵使名扬四海，故乡的云依然恋着你，故乡的风依然想着你。

尹吉甫——谚语测天的诗祖

尹吉甫
摄影：陈石定

“关关雎鸠,在河之洲。窈窕淑女,君子好逑”。人们在吟咏《诗经》中这千古绝唱的时候，可曾想到，整理和编纂《诗经》的主要人物，就来自湖北房县，他就是号称“中华诗祖”的尹吉甫。

《辞海》释曰：尹吉甫，周房陵（今湖北房县）人，（周）宣王臣。周宣王五年（公元前823年），北方少数民族猃狁侵犯今陕西泾阳西北地区。周宣王命尹吉甫为大将，前去讨伐，大获全胜。周宣王称赞：“文武吉甫，万邦为宪。”（《诗经·小雅·六月》）宣王时，尹吉甫为太师（即宫廷乐官），幽王时升任大师，位居周代“三公”之首，并兼任太子师傅。后来，幽王受奸臣挑唆，处死尹吉甫。房县至今仍保存有尹吉甫的墓葬、祠庙、碑刻，还生活着千余名尹吉甫后裔。

《诗经》时代也是“谚语测天的时代”。《诗经》共集诗305篇，提到气象的诗歌有40多篇。其中有反映物候历的，如《豳风·七月》等，还有很多直接涉及气象与天气的诗篇。《诗经》的部分篇章中，直接采录了一些谚语，包括一些气象谚语。

观测天气的农谚时常出现在《诗经》中，如：

①“朝隮于西,崇朝其雨。”(《鄘风·蝃蝀》)

②“有渰萋萋,兴雨祈祈。”(《小雅·大田》)

③“月离于毕,俾滂沱矣。”(《小雅·渐渐之石》)

④“如彼雨雪，先集维霰。”（《小雅·頍弁》）

⑤“上天同云，雨雪雰雰。”（《小雅·信南山》）

上述谚语诗句中，第①条以虹出现的方向来占测晴雨,第②条以云占雨,第③条以月占雨，第④条是说下雪以前往往会先出现霰，第⑤条是说我国古代劳动人民很重视云的观测，下雪前的云，在天空中是均匀一色的。也有把“同云”写为“彤云”，意思是下雪前的云，色彩微带红色。

此外，《豳风·七月》中的“七月食瓜，八月断壶”及“九月筑场圃，十月纳禾稼”等，则是总结在当时历法指导下进行生产劳动的经验的谚语。

“国风”是《诗经》中的精华，《诗经》收录有十五国风，包括周南、召南、邶、鄘、卫、王、郑、齐、魏、唐、秦、陈、郐、曹、豳，共160篇，表现了各地的民情风俗习惯。其中，周南和召南并称“二南”。周南即周公姬旦所居东都洛阳之南，召南即召公姬大所居“陕之东”西都镐京(今西安市西南)之南。房县处于“二南”地域范围内。

“二南”中有许多与气象有关的诗歌，如《召南·殷其雷》就是反映雷电等天气现象的。诗中写道：“殷其雷，在南山之阳。……殷其雷，在南山之侧。……殷其雷，在南山之下。”大意是：轰隆隆震天响的雷声，从南山的向阳坡慢慢向南山的另一侧移动，由远而近，最后移到南山脚下。由此可见，当时古人已经初步掌握了雷雨的形成、运动的过程以及地形对雷雨的影响等方面的气象知识。

《诗经》中还有一些有关天气演变的诗篇。如《邶风·终风》：“终风且暴。……终风且霾。……终风且曀。不日有曀……曀曀其阴，虺虺其雷。”大意是：狂风裹挟着暴雨搅得天昏地黑，乌云蔽天遮日，太阳不见了，天空漆黑一团。紧接着，雷声轰鸣，由远及近。诗歌描写了当时的天气状况：狂风大作，天空出现“阴霾”，乌云遮蔽太阳，雷声自远而近，准确地描述了天气变化的全过程。

《诗经》中的气象谚语和农业谚语反映了当时人们对物候与气象变化的观察和认识，尹吉甫对《诗经》的整理与编纂工作使得这些谚语能够亘古流传，为后世留下了宝贵的史料。

屈原——楚辞中的『问天』人

“路漫漫其修远兮，吾将上下而求索”，伟大的浪漫主义诗人屈原的这句名言，永远激励着中华儿女不断奋进。

《楚辞》是我国第一部浪漫主义诗歌总集和骚体类文章总集，以屈原作品为主，其中，屈原所写的《离骚》《九章》《九歌》等，将人类的情感与自然现象融为一体。屈原“问”的“天”实际上是与气候、天气状况紧密相连的自然现象，他的一些篇章的名称甚至就是与气象相关的自然崇拜神。

屈原作品有大量对季节和气候环境的观察及刻画。《离骚》说：“日月忽其不淹兮，春与秋其代序。”是指日月时光迅速逝去，不能久留，四季更替，变化有常。《远游》载：“恐天时之代序兮，耀灵晔而西征。微霜降而下沦兮，悼芳草之先零。”说的是忧心一年四季不断变化，灿烂的太阳在渐渐西下。冬天到来，寒冷的严霜也开始降临，悼惜芬芳的香草会随着霜冻的来临而凋零。《九章·怀沙》刻画的则是另一种景象：“滔滔孟夏兮，草木莽莽。”描绘了初夏天气暖和，风清日朗，草木茂盛且蓬勃生长的情景。

《楚辞》中还有大量对天气现象的观察与描述。甚至可以说，屈原不仅是一个伟大的文学家，也称得上是一个天气观测大师。《楚辞》中对云的描绘是变化无穷、丰富多彩的。《离骚》："飘风屯其相离兮，帅云霓而来御。纷总总其离合兮，斑陆离其上下。"意思的是：旋转的风聚集飘动，和着云霓迎面而来。飘动不定的旋风和斑斓五色的云霓聚散无常，五光十色上下漂浮荡漾。《九歌·山鬼》中的描述更为细致："杳冥冥兮羌昼晦，东风飘兮神灵雨。……雷填填兮雨冥冥，猿啾啾兮狖夜鸣。风飒飒兮木萧萧，思公子兮徒离忧。"大意是：大山深处的茂密森林，即使是在白日，也非常幽暗，风和着骤雨来去无常，变幻莫测。不时传来的隆隆雷声，带来绵绵阴雨，夜里还不断听到猿猴的悲啼声。

令人惊奇的是《九章·悲回风》中对雨、雪的观察与描述，居然与现代气象学所研究出的雨、雪的形成原理极为相近。"上高岩之峭岸兮，处雌蜺之标颠。据青冥而摅虹兮，遂倏忽而扪天。吸湛露之浮源兮，漱凝霜之雰雰。……观炎气之相仍兮，窥烟液之所积。悲霜雪之俱下兮，听潮水之相击。"屈原神游天际，登上了峻

屈原
摄影：王斌

峭的高山之巅，坐在五彩的霓虹之上，凭借着天空舒展长虹，仿佛伸手即能触摸青天。吸饮着漂浮的甘露，还可以含漱一些飘然而降的冰霜……观看云烟水汽相因而生，窥察云朵与雨滴聚积，悲慨那霜与雪同时降下，听着潮水波浪震动激荡。屈原的这段诗客观地描述了空气中的水蒸气上升到天空的状况，再由滚滚的云烟水汽遇冷凝结为雨滴，而与霜、雪凝结而下，化为水滴。

《楚辞》对自然气象神的刻画和描述也令人叹为观止。屈原描述自己神游出行，都有风、云、雷等气象神相伴。“风”字在古代最初与“凤”字的形和意是相同的，而云、雷则都与龙相关联。《远游》写道：“驾八龙之婉婉兮，载云旗之逶蛇。建雄虹之采旄兮，五色杂而炫耀。前飞廉以启路。阳杲杲其未光兮，凌天地以径度。风伯为余先驱兮，氛埃辟而清凉。……左雨师使径侍兮，右雷公以为卫。”刻画的是屈原驾御着八条龙的车神游天际，车载着云霓旗随风飘动。将虹霓化作彩色大旗，旗帜五色混杂鲜艳醒目。……飞廉在队列前方引路，风伯是车队的先驱。……雨师在左边侍候，雷公在右边作为护卫。

古诗词中的“雷师”“雷公“ “飞廉”“风伯”“雨师”等，都是自然神中的气象神。“飞廉”亦是风神的别称。

在屈原的诗作中，云神或者被称为云中君，或者被称为丰隆。如《九歌》中有一篇名为“云中君”，王逸释曰：“云神，丰隆也。”《九章·思美人》：“愿寄言于浮云兮，遇丰隆而不将。”言屈原本想请浮云带话，但遇到云神丰隆，云神丰隆却不肯替他传言托语。

屈原《九歌》中有《东皇太一》《云中君》《东君》，《云中君》为月神，月亮代表着阴；《东君》为日神，太阳代表着阳。太一，是天地的主宰神，有可能即为“太极”，应是阴阳的合体。可以想象，代表阴的月亮和代表阳的太阳在云雾中冉冉上升，明亮的光芒将天地分开，冷热水汽上下翻腾而形成回旋，阴阳合一的太极图雏形就形象地展现出来，太一的形象也得以明显呈现。

诸葛亮——巧用气象的典范

诸葛亮
摄影：徐辉

诸葛亮，字孔明，东汉光和四年(181年)出生于琅琊阳都(今山东省沂南县)的一个官吏之家，自幼聪明好学，智力过人，成年后先随叔父到襄阳投奔刘表，后因叔父病亡，转入襄阳隆中躬耕。

诸葛亮治国治军的才能，经过《三国演义》的演绎渲染，成为智慧的化身，已是家喻户晓、妇孺皆知。历史小说中的诸葛亮不仅是军事家、外交家、谋略家，还是一个气象学家。他集谋略、胆识于一身，在战争中巧用气象，堪称历史典范。

诸葛亮的第一次“天气预报”是在“火烧新野”一战中。曹操亲领大军百万追击刘备至新野县，派曹仁、曹洪、许褚引军十万为前队。诸葛亮分兵派将拒曹兵时说：曹军入城，必安歇民房，来日黄昏后，必有大风。但看风起，便令西、南、北三门伏军尽将火箭射入城去……诸葛亮预报得准不准呢？《三国演义》写道：“初更已后，狂风大作……后人有诗叹曰：‘奸雄曹操守中原，九月南征到汉川。风伯怒临新野县，祝融飞下焰摩天。’”诸葛亮预报“来日黄昏后，必有大风”，与实际天气丝毫不差，风助刘备大败曹军。

诸葛亮的第二次“天气预报”发生在著名的“草船借箭”之时。周瑜妒忌诸葛亮之才，欲用计害他，限他10日之内造出10万支箭。诸葛亮自言3天必能造出，且立下军令状。为什么诸葛亮这么有把握呢？他在“借箭”成功后对鲁肃解释说：“亮于三日前已算定今日有大雾，因此敢任三日之限。”诸葛亮预报天气有雾达到3天之久，且艺高人胆大，仅率几十小卒就“借”得曹操10万支雕翎箭，不愧三国英雄也！

诸葛亮的第三次“天气预报”是赤壁大战中有名的“借东风”。当时，周瑜万事俱备，只欠东风破曹。从这点看，周瑜虽是东吴名将，但他在“天气预报”这一点上不如诸葛亮。诸葛亮所谓的“借”，乃故作声势，实际上是他精确预测天气的结果。

诸葛亮的第四次“天气预报”是在陈仓古道智退魏军时。魏国大都督曹真率领40万大军，浩浩荡荡杀奔汉中。消息传来，蜀汉朝廷惊恐不已，大家都眼巴巴地等着诸葛亮调兵遣将。诸葛亮命王平、张嶷率1000人马前去把守陈仓古道，抵御魏军。刚到陈仓古道，天就开始下起大雨，连续40多天就没有一个晴天。这可苦了曹真、司马懿率领的那40万大军，粮食被雨水泡得发霉，道路泥泞无法通行，连续一个月连一件干衣服都没得穿。曹真、司马懿一合计，照这样下去，军队都不用打仗就得被雨浇死，还是赶快撤回去吧！诸葛亮神机妙算，一场大雨胜过百万雄兵，气象的威力确实不可小觑！

李白——隐居安陆气象缘

公元761年，61岁的李白在安徽当涂养病,回忆起年轻时在湖北安陆的一段生活,不禁发出怀念白兆山桃花岩适意生活的感叹。作为我国著名的浪漫主义诗人，李白被安陆的美景所吸引，一住就是十年。这十年之间，他留存于世的诗作就有百余首，这些诗作中有不少描写安陆景象的诗句，反映了当时安陆的天气气候状况。

安陆位于湖北省东北部，地处桐柏山、大洪山余脉的丘陵与江汉平原北部交汇地带，属北亚热带季风气候区，气候特征为春秋短、冬夏长，四季分明，夏季炎热多雨。

李白在安陆写过三首反映春天、秋天和冬天的诗，分别是《山中问答》《日夕山中忽然有怀》《题随州紫阳先生壁》，所描写的季节分明，十分符合安陆地处季风气候区的特点。

《山中问答》这样描述李白在安陆十年的生活：“问余何意栖碧山，笑而不答心自闲。桃花流水窅然去，别有天地非人间。”山上的桃花随着流水悠悠向远方流去，这里就像别有天地的桃花源一样，这无疑写的是春暖花开、万物更新的好时节。

《日夕山中忽然有怀》写道：“久卧青山云，遂为青山客。山深云更好，赏弄终日夕。月衔楼间峰，泉漱阶下石。素心自此得，真趣非外惜。鼯啼桂方秋，风灭籁归寂。缅思洪崖术，欲往沧海隔。云车来何迟，抚几空叹息。”诗中直接点出刚刚立秋，鼯鼠在香花桂树间啼叫，一直在吹的秋风突然停止，时间也仿佛都停滞在秋意盎然的这一刻。

《题随州紫阳先生壁》写道：“神农好长生，风俗久已成。复闻紫阳客，早署丹台名。喘息餐妙气，步虚吟真声。道与古仙合，心将元化并。楼疑出蓬海，鹤似飞玉京。松雪窗外晓，池水阶下明。忽耽笙歌乐，颇失轩冕情。终愿惠金液，提携凌太清。”清晨，窗外松雪明媚，在阳光的映射下熠熠生辉，玉阶下池塘水波潋滟，微光闪动，美丽的雪景跃然纸上。

李白安陆十年简介碑刻
摄影：陈石定

安陆特殊的地理气候也直接影响了诗人的创作。安陆冬、夏两季的时间长于春、秋两季，地球近日点的时间要长于远日点，由于离太阳越近，月亮就会越亮，所以李白在安陆的十年，常常会“举头望明月”，看见月亮又清又亮地悬挂在树梢头。李白诗中月亮出现次数之多，冠以“明月”称呼之多，令人惊奇。李白甚至为女儿起小名叫“明月奴”。《月下独酌》“花间一壶酒，独酌无相亲。举杯邀明月，对影成三人。月既不解饮，影徒随我身。暂伴月将影，行乐须及春。我歌月裴回，我舞影零乱。醒时同交欢，醉后各分散。永结无情游，相期邈云汉。”这首诗将月亮写绝了。著名的《将进酒》“人生得意须尽欢，莫使金樽空对月”将月亮写活了。《安陆白兆山桃花岩寄刘侍御绾》：“两岑抱东壑，一嶂横西天。树杂日易隐，崖倾月难圆。”将月亮写得感情充沛。《题元丹丘颍阳山居》“遥通汝海月，不隔嵩丘云。之子合逸趣，而我钦清芬。举迹倚松石，谈笑迷朝曛。益愿狎青鸟，拂衣栖江濆。”共享一轮明月，同分漫天白云，将月亮写得出神入化。

安陆冬季悠长，甚至影响到了诗人的创作方式。李白在安陆的十年被学界概括为“酒隐安陆，蹉跎十年”，李白好酒，众所周知，为何偏偏要说“酒隐安陆”呢？这是因为，在古代，酒是驱寒的妙方，冬季寒冷，大诗人不得不依靠温酒活血祛寒，以便顺利地进行他的文学创作。

陆羽——天门走出的茶圣

茶经楼
摄影：刘望平

陆羽是今湖北天门市人，一生嗜茶，精于茶道。1200多年前，因著有世界第一部茶学专著《茶经》而闻名于世，流芳千古，被后人称为中国的茶圣。

《茶经》共三卷十部分：茶之源、茶之具、茶之造、茶之器、茶之煮、茶之饮、茶之事、茶之出、茶之略、茶之图，分别从茶之溯源、制茶工具、采制评鉴、煮茶器皿、煮茶、饮用、茶史茶事、产业地理、茶事简化准则、茶业推广提要等角度论述茶，不仅是一部精辟的茶学专著，而且是一部阐述茶文化的经典著作。

陆羽认为"高山出好茶"有其气候原因。《茶之源》称："野者上，园者次；阳崖阴林，紫者上，绿者次；笋者上，牙者次；叶卷上，叶舒次。阴山坡谷者不堪采掇，性凝滞，结瘕疾。"茶叶的品质，以山野自然生长的为好，在园圃栽种的较次。生长在向阳山坡的好，生长在背阴山坡的品质不好，不值得采摘。光照对茶树生长、茶叶质量有较大的影响。茶树有机体中90%～95%的干物质是靠光合作用合成的，在海拔500～800米的中山区，随着高度的增加，云雾、降雨日也相应增加，因而多漫射光，且所含红、黄光多有利于氨基酸、维生素形成，茶叶芽嫩、叶肥、香味浓。

陆羽认为茶的采摘时间也与气候相关。《茶之造》称："凡采茶，在二月三月四月之间。"采摘时节适宜的气象条件，也是茶叶品质优良的保证。春茶最佳，在清明或谷雨前采摘，是谓"明前茶""雨前茶"。由于春季气温适中，雨量充沛，因而春茶色泽翠绿，叶质柔软，且春茶一般少病虫危害，无须使用农药，茶叶无污染，是一年之中茶之佳品。

茶树属亚热带耐阴性的多年生植物，喜温喜湿，要求年平均气温、生长期间月平均气温均在15℃以上。茶叶的生长过程与气温变化密切相关：3月上旬连续3天以上日平均气温≥10℃时，茶芽萌动生长、鱼叶迅速展开；气温稳定在10℃以上时，茶芽、叶片生长加快，并抽出新梢；15～20℃时生长较快；20～30℃时生长最旺盛，但易老化，因而有“茶到立夏一夜粗”的说法；最高温度在35℃以上时，生长停止；秋、冬季气温下降到10℃以下时停止生长，进入休眠。茶叶生存的最低下限温度因品种差异而不同，一般为-12～-8℃。

杜牧——杏花村里吟清明

“清明时节雨纷纷，路上行人欲断魂。借问酒家何处有？牧童遥指杏花村。”唐代诗人杜牧的《清明》脍炙人口。但是诗中写的杏花村究竟在何处?

现今，我国名叫“杏花村”的地方共有20多处，其中较有名的有6处。人们争论的焦点主要集中在3个地方。一是山西汾阳县，二是安徽贵池县城西，三是江苏丰县城东南7.5千米处。但若认真研究，这些地方要么与诗中所写气候不符，要么与杜牧生平经历不符。仔细研究历史和杜牧生平，结合气候学中的季节、地理条件分析，当属湖北麻城古歧亭镇中位于现106国道旁的杏花村。

歧亭处于洛阳至黄州的旧光黄古道要道上。所谓“光黄古道”，是光州（今光山）到黄(州)的一条古驿道，诗人杜牧、苏轼被贬到黄州任职都走了这条古驿道，“光黄古道”现在可能没有人能说清楚具体走向，但分析苏轼的《梅花二首》及现存于“卧牛石”附近的古代车辙，结合现在的地图可以看出，“光黄古道”与现在的大广北高速公路、京九铁路走向几乎完全一致，即光山—新县—麻城歧亭—黄州。

古歧亭是南朝以来的古城，历来在政治、经济、文化等方面都有比较重要的地位。现在，仍扼守汉麻公路，处于麻城、新洲（原属黄冈）、黄陂、红安四县交界处。《黄州府志》载："杏花村在歧亭，有杏林、杏泉，陈季常隐居处。"杏花村在歧亭镇北五里（2.5千米）处，因是交通要道，杜牧为其赋诗，是很自然的事情。

杜牧(803—约852年)，字牧之，今陕西西安人。大和二年(828年)进士及第，历任左补阙、膳部及比部员外郎，相继出任黄州、池州、睦州刺史。在地方官任上，杜牧生性耿介，不屑逢迎权贵，为官不很得意，但他的文学创作却很有成就，诗、赋、古文都足称名家。

杜牧是否到过歧亭古镇呢？《题木兰庙》有证："弯弓征战作男儿，梦里曾经与画眉。几度思归还把酒，拂云堆上祝明妃。"这是杜牧任黄州刺史时登木兰山(当时属齐安郡，今为武汉市黄陂区)为木兰庙所题的诗。杜牧从黄州到木兰山，必定经过杏花村。

诗的首句"清明时节雨纷纷"，点明诗人所置身的时间、气象等

麻城杏花村
摄影：刘中新

自然条件。清明在唐代时为重大节日，这一天，或合家团聚，或上坟扫墓，或郊游踏青，活动多样。但是杜牧这次所经历的清明节的天气却是小雨纷纷。一个失意的行人，又是远在他乡，在细雨霏霏的清明节，心情郁闷，想找个酒家，以酒浇愁，借以抒发自己仕途不得志的抑郁和无奈。

杏花村也确有“酒家”，当地流传这样一首民谚：“三里桃花店，四里杏花村，村头有美酒，店里有美人。”据《麻城县志前编》（卷之三）载，这里的酒是与众不同的“水酒”(又名“黄酒”)，“纯以糯米酿者，其曲内无血肉品，故酒味最醇。漉净余滓，入瓷瓮固封贮之，经年色黄，味尤美”。这种醇酒酿造方法流传至今，造就了麻城特有美酒。据《复斋漫录》记载，宋代词人谢逸也路过这里，并于杏花村驿壁上题《江神子》一词：“杏花村馆酒旗风。水溶溶，扬残红，野渡舟横，杨柳绿阴浓。”这正与“牧童遥指杏花村”的景色相似。

清明是二十四节气之一，在仲春与暮春之交，也就是冬至后的108天。此时，东亚大气环流已实现从冬到春的转变，西风带槽脊移动频繁，低层高低气压中心交替出现。地面气温升高，南方暖空气逐渐活跃，并向北推移，北方仍时有冷空气向南入侵，江淮地区冷暖变化幅度较大，雷雨等不稳定降水逐渐增多，有时还会出现3～5天的连阴雨天气，“清明时节雨纷纷”所描绘天气，正与现今麻城清明天气特点吻合，是歧亭古镇气候的真实写照。

从以上的分析可以看出，杜牧的《清明》应写于麻城歧亭古镇的杏花村。杜牧让“杏花村”名满天下，如今，后人为“杏花村”的地点归属争论不休，近年来还出现相关商标权和旅游景点归属权的诉讼案。这是现代商业的正常现象，无可厚非，但若要真正弄清楚杜牧所写的“杏花村”在哪里，则还是要以科学的态度进行研究，这样才能还原历史本来面目。

苏东坡——风起云涌咏赤壁

黄州文赤壁
摄影：李必春

因为苏东坡，黄州（今湖北黄冈）走进了人们的历史记忆。苏东坡21岁中进士，25岁科举考试第三等，为北宋时期第一，可谓一举成名天下知。然而天有不测风云，“乌台诗案”让苏东坡入狱130天，后来被贬黄州。在黄州的四年多时间里，苏东坡撰写诗214首，词79首，散文457篇，赋3篇，共计753件作品，尤其是“一词两赋八诗”（“一词”指《念奴娇·赤壁怀古》，“两赋”指《前赤壁赋》和《后赤壁赋》）奠定了他在中国文学史上的崇高地位。

黄州的风风雨雨走进了苏东坡的世界，苏东坡在吟咏风雨中抒发着人生情怀。

著名的“两赋”描写了黄州的秋、冬气候风光。《前赤壁赋》是苏东坡于黄州的初秋所写，可谓一幅长江北岸“秋高气爽”图，其中写道：“壬戌之秋，七月既望……清风徐来，水波不兴……月出于东山之上，徘徊于斗牛之间。白露横江，水光接天。”而《后赤壁赋》描写的则是3个月后的初冬季节，“是岁十月之望”，其时“江流有声，断岸千尺，山高月小，水落石出”，说明长江水位急剧下降，江边的礁石都显露出来了。“曾日月几何，而江山不可复识矣”，说明相隔不长的时间，尽管是相同的地方，冬景与秋色却差异甚大，不再能认出了。

黄州的雨天，在苏东坡笔下十分生动传神。春天的阵雨如同俗话说的“春天孩儿脸，一天有三变”，也象征着人生的变幻莫测，苏东坡认为应该潇洒地享受阵雨，潇洒地看待人生。《定风波·沙湖道中遇雨》写道：“莫听穿林打叶声，何妨吟啸且徐行。竹杖芒鞋轻胜马，谁怕？一蓑烟雨任平生。料峭春风吹酒醒，微冷，山头斜照却相迎。回首向来萧瑟处，归去，也无风雨也无晴。”不要去听急促的雨滴噼噼啪啪打在竹叶上，把这雨声当成音乐作为漫步前行的伴奏吧，杵着竹杖穿着草鞋比骑马还轻快呢。料峭的春风把酒吹醒了，感觉到微微的寒意，“山头斜照却相迎”，雨过天晴了。回头看看“萧瑟处”“也无风雨也无晴”。

春天的连绵之雨，则让人生出无限伤痛之感，也成为苏东坡忧国忧民、壮志难酬的感伤寄托。《黄州寒食》将“清明时节雨纷纷”的气候特征和黄州寒食节（清明节前一天）的风土人情以及苏东坡因雨伤情之状刻画得淋漓尽致。诗中写道：“春江欲入户，雨势来不已。小屋如渔舟，蒙蒙水云里。空庖煮寒菜，破灶烧湿苇。那知是寒食，但见乌衔纸。”春天淫雨霏霏，连绵不绝，似乎处在萧瑟的秋天。居住的小屋如同颠簸在水中的渔船，漂泊在蒙蒙雨雾里，空空的厨房只有“寒菜”可煮，且破灶里烧的只有湿漉漉的芦苇……“君门深九重，坟墓在万里。也拟哭途穷，死灰吹不起”。苏东坡此时想精忠报国，可那深为九重的君门可望不可即；想叶落归根，可故乡眉州远在万里。思来想去，感到进退无路，悲怆不已，冷寂的心已如死灰，再也不能复燃了。

当然，苏东坡笔下的雨，也表达了其他多种情感。例如，《东坡》“雨洗东坡月色清”，是对黄州好雨之时明净天空的赞赏；《鹧鸪天》“殷勤昨夜三更雨，又得浮生一日凉”，是对黄州夜雨带来凉爽惬意之感的描述；《南乡子》“暮雨暗阳台，乱洒高楼湿粉腮”，是对黄州暮雨纷飞的无奈的写照……

李时珍——醉心本草的药圣

李时珍（1518—1593年），字东壁，号濒湖，晚年自号濒湖山人，湖北蕲州（今湖北省蕲春县蕲州镇）人，明代伟大的医学家、药物学家，现安葬于湖北省蕲春县蕲州镇竹林湖村。李时珍一生著述颇丰，代表作《本草纲目》被达尔文誉为“中国古代的百科全书”，他本人被后世尊为“药圣”。

万历戊寅年（1578年），在阅读、参考800余部历代医药及有关学术著作的基础上，结合自身实践经验和调查研究结果，李时珍完成了《本草纲目》的编写工作，历时27年。全书五十二卷，约有200万字，载药1892种，新增药物374种，载方10000多个，附图1000多幅，为我国药物学的空前巨著。其中纠正前人错误甚多，在动植

李时珍
摄影：陈石定

物分类学等许多方面有突出成就，并对其他有关学科（生物学、化学、矿物学、地质学、天文学等）也有涉及。

在《本草纲目》中,李时珍以其渊博的学识，就气候变化与人体健康的关系进行了探讨。比如，春天乍暖还寒，要顺应春升之气，多吃些温补阳气的食物。《本草纲目》里“以葱、蒜、韭、蒿、芥等辛辣之菜，杂和而食”的主张，被沿用至今。同时提出“一节主半月,水之气味,随之变迁,此乃天地之气候相感,又非疆域之限也”,说明在一些节气之际采贮的净水,可用于防治许多疾病。例如，在立春、清明时节采贮的山泉、井水、溪水、东流水，可治诸风、脾胃虚损；寒露、冬至、小寒、大寒时节,以及腊月采贮的净水,饮后可滋补五脏,治疗痰火、积聚、虫毒、烫火伤诸症。

对于药材的品质与天气、气候之间的关系，《本草纲目》也进行了详细的记载。比如，《本草纲目》记载昆虫类药材的收集必须掌握其孵化发育活动季节。以卵鞘入药的，如桑螵蛸，则三月收集，过时则虫卵孵化成虫影响药效，以成虫入药的，均应在活动期捕捉，有翅昆虫，在清晨露水未干时便于捕捉，两栖动物如哈士蟆，则于秋末当其进入“冬眠期”时捕捉；鹿茸须在清明后适时采收，过时则角化。对茎类、根类、叶类、花类、全草、树皮、根皮、果实、种子、菌、藻、孢粉、动物、昆虫等各类药材的生长、利用与天气、气候的关系，《本草纲目》也都有详细的论述。

《本草纲目》
摄影：易少华

张之洞——张公堤的修筑人

在武汉市东西湖的东部，有一段堤坝，名曰“张公堤”。它东起汉口堤角，西至舵落口，全长23.76千米。张公堤原为清光绪三十一年（1905年）张之洞任湖广总督时，为治理水患，确保汉口安全拨款所建。为了纪念这段堤坝的修筑人，故取名“张公堤”。

张之洞，字孝达，号香涛，直隶南皮(今河北南皮)人，生于贵筑县(今贵阳市)。列位晚清“四大名臣”的张之洞，是中国近代史上举足轻重的历史人物之一。作为洋务运动的中坚分子，他在督鄂17年间的许多举措对武汉乃至整个湖北，时至今日都有着重要的影响。

武汉位于汉江平原，是长江中下游的特大城市之一。武汉拥有丰富的水资源，长江、汉江穿城而过，还有160多条中小河流以及160多个大小湖泊。

降雨强度大，时间长，夏季暴雨天气频繁，加之丰富的水资源，这些都决定了武汉长期以来是湖北省乃至中国非常重要的防洪城市，“防汛是武汉天大的事”，每年有半年时间都在防汛抗洪。修筑坚实牢固的堤坝在这座城市历来都是极为重要的事。

清光绪三十年（1904年），张之洞派人在后湖当中搭了一座高台，然后登到台上，用望远镜向四周张望后，挥手道：上到禁口，下到牛湖广佛寺前（即今堤角）。就是这么简单，张之洞手指处，后湖大堤的行走路线就确定下来了。

线路确定了，接下来就由工程处进行勘测，办理购地手续。工程处的负责人是留学日本的秀才张南溪。当时办事的高效率与低成本，在后湖大堤的建筑中表现得非常充分。如此大的一项工程，只打了四个报告就确定了：第一，向湖北官钱局请款；第二，申请开工；第三，送决算；第四，申报结束。

修筑后湖大堤时，张之洞还想了一个节约资金的方法，即拆除汉口城堡。拆除汉口城堡有两大益处，一则利于城市交通，二则也为后湖大堤提供了大量的建筑材料。就这样，汉口城堡很快便被拆光了。当初的汉口城堡在哪里？只需要走一下汉口的中山大道就明白了，中山大道就是在当初的汉口城堡的墙基上平整完成的。

筑堤大军中，除了分段承包的民工之外，还有一支重要的力量，就是张之洞创办的新军。第八镇统帅张彪率守汉口的绿营和新军，昼夜奋战在后湖，大堤最艰难的地段比如龙骨沟、金银潭、龙口等险段几乎全部是新军完成的。修筑张公堤用了两年多的时间。以牛湖广佛寺前为起点，大堤向西北越过了岱家山后，转了一个90° 的大弯折向西南，经姑嫂树、陈家湾至禁口。这段堤防，官方称之为后湖官堤，老百姓却称

今日张公堤

之为张公堤。既简单上口，又铭记功臣。

张公堤对汉口太重要了。由于大堤阻挡了河水，堤内的田地慢慢干涸。1934年，陈兴亚先生写了一篇文章，其中涉及张公堤时如是说，有了张公堤，汉口“从此水灾永绝，且堤内皆成肥田”。这话有点夸大，但张公堤的筑成是汉口城市发展史上的大事，这样说却并不为过。陈兴亚先生这篇文章还说，“堤外为后湖，堤内十里荷花，犹饶兴趣。过晒甲山（即岱家山），见堤上筑有碉堡，内实以兵守之”。

百年大堤，时至今日，依旧发挥着重要作用，牢牢守卫着大武汉。

李四光——古地质气候的探索者

“将今论古”是地质学的传统思维方式，它是指在地质学研究过程中，通过各种地质事件遗留下来的地质现象与结果，利用现今地质作用的规律，反推古代地质事件发生的条件、过程及特点。很多科学家将这种思维方式运用到了气象科学中，开始了对古气候的探索。在众多科学家中，出生于湖北的著名科学家、地质学家、我国地球科学和地质工作的奠基人——李四光，以其独特的地质学视角，率先发现了中国第四纪冰川，为我国古气候研究做出了巨大贡献。

李四光
摄影：谭建民

古气候的研究对于了解气候变迁、现代气候的形成有着重要作用。李四光的研究领域广泛，其中就包括与古气候息息相关的第四纪冰川。第四纪始于距今175万年，是地球历史的最新阶段，也是全球气候发生周期性变化并与人类的生存息息相关的关键时期。第四纪包括更新世和全新世两个阶段，二者的分界以地球上最近一次冰期结束、气候转暖为标志，大约在距今1万年前后。曾否有过第四纪冰川，对研究我国第四纪地质和地貌，解决工程地质、水文地质等问题非常关键。中国是否存在第四纪冰川，一直困扰着科学界，最终的谜底由李四光揭开了。经过长时间的考察研究，李四光在太行山麓、大同盆地、庐山和黄山等地先后发现了第四纪冰川遗迹，确认中国存在过第四纪冰川，推翻了国际上许多冰川学权威断言中国无第四纪冰川的错误结论。

地球自诞生后，气候也一直处于变迁状态。冰川的发育、形成和变化，是随地球的气候波动而变化的。为此，冰川是古气候的重要信息库，是气候变化的记录器。地球上仪器观测的气候记录，最长不过二三百年。因此，恢复古气候变化资料，是研究未来气候和环境演变的基础。正当气候学家冥思苦想的时候，地质学家帮了大忙。地质学家发现，在冰川或冰盖上打钻，采集冰芯样品，分析不同深度的冰川冰或粒雪中的氢、氧同位素以及矿物质、有机质等的组成、含量和分布等，就可以得到相应历史年代的气温和降水资料，以及相应年代的二氧化碳等大气化学成分含量，揭示冰川在形成和变化过程中，地球气候变迁的信息，从而开辟了古气候研究的新道路。

冰川是在极寒之地由积雪生成的。片片雪花又是怎样变成冰川的呢？雪花是一种极不稳定的固体降水形态，落到地面就会发生变化。随着外界条件和时间的变化，雪花会变成完全丧失晶体特征的圆球状粒雪，这种粒雪就是冰川的“原料”。随着时间的推移，粒雪的硬度和它们之间的紧密度不断增加，其间的空隙不断缩小，以致消失，雪层的亮度和透明度逐渐减弱，一些空气也被封闭在里面，这样就形成了冰川冰。冰川冰在重力作用下，沿着山坡慢慢流下，就形成了冰川。

研究气候变化的过去，是为了更好地了解现在、预知未来。李四光认为，任何单个因素，目前还不能对气候变化的全景做出合理的解释。因为早在第四纪时期全球气候曾经历了几次剧烈的冷暖变化。而地质活动，则肯定是地球气候变化的重要原因之一。西藏高原隆起的地质变动，导致了这个地区的季风形成和极其强烈的降雨。大量地质资料证实，岩石圈的某些活动在特定的条件下也能造成短期气候变化。大凡地壳活动活跃的地区都有很大的降雨量。尤其值得注意的是，强烈的地震往往伴随着强烈的天气异常。从国内外7级以上的强震与震中降雨量的统计分析，在极大多数强震的震中区当年多雨。近年来研究结果证实，地壳在受力受热形变破裂的过程中，向大气层释放的气体、流体等物质和热能量，在空气中产生氧化、摩擦、碰撞，改变了低层大气的物理和化学状态，会导致气候的变化。可见，地质对气候变化影响，从地质观点研究气候变化是一条重要的途径。

涂长望——新中国气象事业的奠基人

涂长望
供图：胡芳玉

涂长望是一位杰出的科学家，是中国近代气象科学的奠基人之一，是新中国气象事业的主要创建人、第一任气象局长和中国长期天气预报的开拓者。

涂长望于1906年10月28日出生于汉口一个信奉基督的宗教家庭。1925年考入华中大学；1926年转入上海沪江大学，师承美国地理学家葛德石（George Babcock Cressey,1896—1963）；1929年毕业回母校武昌博文中学任教；1930年考取湖北省官费留学英国，到伦敦大学政治经济学院攻读经济地理，次年转入该校帝国理工学院，师承世界著名气象学家沃克爵士（G.T.Walker）攻读气象学；1932年获气象学硕士学位，成为英国皇家气象学会第一个中国籍会员，同年到利物浦大学地理学院，在著名地理学家罗士培（Percy Maude Rozby,1880—1947）教授指导下攻读地理学博士学位；1934年秋，应竺可桢聘请，心系祖国的涂长望放弃博士学位，毅然提前回国任中央研究院气象研究所研究员。在竺可桢的领导下，开始为发展中国的气象事业而努力奋斗。

回国后，涂长望以求真务实的精神潜心气象科学研究，涉猎甚广。他以英国、挪威和美国气象学派的理论为基础，开创了中国长期天气预报的研究，在中国长期天气预报、中国气团和锋面、中国气候和东亚环流研究和应用等方面均做出了重要贡献。他在气候研究方面的最大特点是密切结合天气学，使气候学更富有活力，这在当时是很有创见的，对研究我国季风与旱涝关系具有重要意义。此外，涂长望对农业气候、霜冻预测、长江水文预测、气候与人体健康、中国气候与各河川水文、土壤形成与植被分布的关系、中国人口与社会等也做过研究。他是一位才学广博、视野开阔、具有创新精神的科学家。

1949年12月17日，涂长望被任命为中国人民革命军事委员会气象局局长，担负起创建人民气象事业的艰巨任务。在短短几年中，就建成了令世界瞩目的气象业务和服务体系。

涂长望早在20世纪60年代就提出了全球变暖的理论。1961年，涂长望在生命的最后阶段,于病榻上完成了《关于二十世纪气候变暖的问题》一文。他凭借渊博的学识和对世界气候变化的观察，敏锐地察觉到气候变暖的趋势，预见到它对人类的重大影响。因此，他在生命接近尾声时也要坚持口述找人撰写出来，警示中国乃至全世界关注这个问题的严重性。

涂长望光辉而短暂的一生,是为中国实现民主、振兴科学而坎坷奋斗的一生，是引领新中国气象事业走上发展道路，规划蓝图而鞠躬尽瘁的一生，是为祖国培养高技术气象人才，壮大队伍而无私奉献的一生。他坚持以开放促进学科交叉融合的胸怀和以合作促进事业发展的思路，至今仍激励着中国气象人努力实现从气象大国向气象强国的跨越。对于他爱国、求实、创新的科学精神和以科学研究推动气象业务发展的战略思想，每一个气象人都将牢牢铭记于心。

曹禺——善用气象术语的话剧大师

曹禺祖居
摄影：王章敏

曹禺（1910—1996年），祖籍湖北潜江，本名万家宝，是中国现代剧作家以及戏剧教育家。曹禺在作品中，十分善于营造气象情境。

曹禺善于通过用与气象相关的词语命名作品，让人记忆深刻，浮想联翩。曹禺一生著作等身，在他众多作品中，便有《雷雨》《日出》《明朗的天》3部作品，是直接用与气象相关的名词命名的，既是自然现象的表征，也是社会意义的象征。

曹禺1934年写就的《雷雨》，在中国现代话剧史上具有极其重大的意义，它被公认为中国现代话剧真正成熟的标志。在《雷雨》这一巨作中，就包含有丰富的气象元素。

在《雷雨》中，曹禺提到的气象术语有“夏天”“云”“雨”“大雨”“暴雨”“风”“露”“雷暴”“闪电”，配合剧情的描述气象的词有“黑云”“露水”“没雷的闪电”“电光”“闪光”“雷雨”“狂雨”“暴风雨”“雨声淅沥可闻”“暴风暴雨”等。

曹禺对雷声从气象角度的描写多种多样，远处的是“远处隐雷”“隐隐地响着”“外面的雷声”“外面还隐隐滚着雷声”；由远及近的是“风声、雷声渐起”；由近及远的是“雷声轰地滚过去”；身边的是“雷声大作”“雷声大作，一声霹雳”“雷声轰轰，大雨下”“雷更隆隆地响着，屋子里整个黑下来”。如果说雷有声，那么闪电则是有色彩的，“无星的天空时而打着没雷的闪电，蓝森森地一晃”“闪光过去，还是黑黝黝的一片”“偶尔天空闪过一片耀目的电光，蓝森森的看见树同电线杆，一瞬又是黑漆漆的”。在对雨的气象角度的描写中，我们可见剧中“雷雨”的大小量级有“雨”“大雨”“暴雨”；“雷雨”的强度则有“狂雨”“暴雨”“暴风雨”“暴风暴雨”，不一而足。

总之，剧中自然的雷雨暗喻了社会的风暴，二者相得益彰，成为作品精华的组成部分。

在曹禺另一部著名的话剧《原野》里，有关地理与气象的描述也是十分自然真切的，尤以对气象术语云、雾、风的描述出神入化，让人难忘。作品写道：“一阵野风，刮得电线又呜呜的，巨树矗立在原野，叶子哗哗地响，青蛙又在塘边咕噪起来……渐渐风息了，一线阳光也隐匿下去，外面升起秋天的雾，草原上灰沉沉的……厚雾里不知隐藏着些什么，暗寂无声。偶尔有一二只乌鸦在天空飞鸣，浓雾漫没了昏黑的原野。……天上黑云连绵不断，如乌黑的山峦。和地上黑郁郁的树林混成一片原野的神秘。”

故乡潜江特别青睐曹禺名剧《原野》。1990年，潜江花鼓戏《原野》参加了在北京举办的“纪念曹禺从事戏剧创作65周年”庆祝演出活动，反响强烈。随后经曹禺同意，该剧被改编为《原野情仇》，先后获得中国文华新剧目奖、曹禺文学奖、湖北省“五个一工程奖”。地方戏斗胆改编演出名作《原野》，从烟蓑雨笠的平原水乡唱到首都北京，挑战成功，靠的是什么？或许其中有一方水土养一方人的相通相知因素吧。

民俗风情篇

民俗风情，林林总总；传统习俗，五花八门；节日盛会，琳琅满目；诗词歌赋，含俗传情。本篇从湖北民俗风情的海洋中，撷取几朵“气象浪花”，薄析浅读，以飨读者。

诞生于风雨雷电中的创世神——雹戏

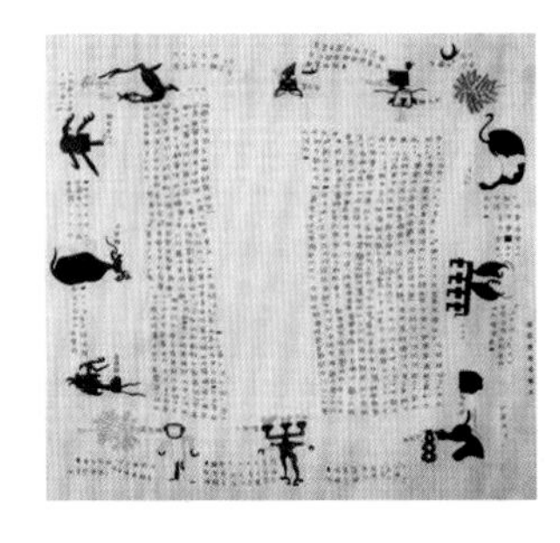

楚帛书
摄影：院琨

雹戏是中国上古神话传说中开天辟地的人类始祖之一。楚帛书中记载，雹戏诞生于风雨雷电中，是自然力量的人格化化身。

楚帛书，1942年出土于湖南长沙子弹库，是记录有文字与图像的绢帛文物，现收藏于华盛顿赛克勒美术馆。帛书的成书年代为战国中、晚期。帛书文字内容分为三个部分，即“创世篇”“天象篇”“月忌篇”。创世篇实质上是一部先秦时期最为完备的中国体系创世神话，全篇亦可据其内容划分为三个时代，其一为雹戏、女娲时代;其二为炎帝、祝融时代；其三为共工时代。各个阶段的神话人物都为创造世界作出了贡献，其在创世过程中都与自然环境和天气现象有相当密切的关系。

雹戏是雷神。“雹戏”之“雹”古文作“靁”，与古“雷”字字形相似，甲骨文中有“雷”字而无“雹”字，雷作“申”，“申”即为雷电形象，是自然现象中雷暴闪电的形象刻画。远古人类尚处于未开化之时，出于对雷电的畏惧而产生了对雷电的崇拜，故在人们心目中，雷电的出现也就是神灵的显现。雹戏诞生于雷霆之中，而且居于雷泽。《帝王世纪》云："（雹戏）出于震，震为雷……万物出乎震。"从其字形和含义亦可释为"霆"，《尔雅·释天》："疾雷为霆霓。"霆即雷，霓有释"云色似龙"，这就可理解为雹戏诞生在雷霆闪电之中，雹雨雷霆之后横贯于天空之中的彩虹似为龙的化身。

雹戏与龙、雷霆的关系相当密切。雹戏龙躯人首的记载颇多，在考古资料中也得到了证实。战国早期的曾侯乙墓出土衣箱上所描绘的雹戏女娲形象，是目前雹戏发现时代最早的例证，可能是其形象最为原始的形态。甲骨文中的"申"字，从字形上观察，不仅是雷霆闪电的形象，也恰好似一条飞龙驰骋在天空的形象化身，龙与自然界中的雷电有着密切的联系，对于龙的诞生，这种解释应该是最为科学的。

帛书详细叙述了雹戏诞生之时，宇宙尚处于混沌未开化的蛮荒状态，"梦之墨墨……风雨是於"。这与世界上许多其他国家的创世神话大致相似，世上最初是一片混沌并充满着水，风雨飘摇。帛书中雹戏诞生后未着手去开天辟地，创造世界，他首先做的第一件事是娶妻生子，"乃娶……曰女娲，是生子四"。这明确了雹戏与女娲的夫妻关系，对于女娲的定位是雹戏所娶之妻，并非似后世所说二者为兄妹，此乃雹戏女娲的本来面目。

雹戏女娲的创世神话流传具有相当强的生命力，汉唐时期十分流行，汉画像砖石已可以证实其作为创世之神的身份，在唐代的丝织品上也能见到其创世事迹，后经上千年的流传及演化，至今仍在我国南方少数民族地区流行，且仍是作为创世之神话而存在。神话研究学界多将其作为南方少数民族的创世神话。楚帛书雹戏女娲神话的发现，无疑可以证明其本源在于中原神话，在于以华夏文化为主体而具有强烈自身文化特点的楚文化之中。

楚人图腾与气象

凤标
摄影：陈石定

图腾崇拜是自然崇拜与祖先崇拜相结合的产物，它既是一种原始的宗教信仰方式，同时也是一种原始的文化现象。

楚人的图腾崇拜是什么？在楚文化中，凤与诸多层面的文化如影随形，因此凤是楚人的图腾。

楚人崇凤与气象密不可分。原因之一是楚地气候环境复杂，气象灾害繁多。古代楚国辖地为湖北，还有现在的湖南、河南、重庆、安徽、江苏、江西等省（直辖市）的部分地方。楚地指的是发迹于荆山（今湖北南漳西）、扩及今汉水流域为中心的江汉地区，这是楚国的腹地。这一地区的边缘地带，北抵方城（今河南南阳地区一带），南至衡（湖南衡山），西起夔（今湖北秭归县），东抵鄂（今湖北鄂州一带）。而楚地山多林密，雨水充沛，江河交错，湿地辽阔，空气湿度大，极易产生雷雨、大风、冰雹等强对流灾害性天气。

从文字分析也可看出，“风”“凤”本一字。崇凤实际上反映了楚国先民对大风等灾害天气的记忆。古人认为天上神鸟振翅飞过，扇动空气，人间就吹大风。风虽无形，神鸟名凤，有形。于是画一只神鸟凤，尊为风神，代理“风”字。甲骨文的“凤”字全都当作“风”字使用，“其遘大凤”是卜问“会有大风吗”？“凤”篆书字形是一个形声字，形符为鸟，声符为凡，本义为中国古代传说中的百鸟之王，常用来象征祥瑞，雄的叫凤，雌的叫凰，通称为凤或凤凰。在上古神话中，人们认为风是由巨大的鸟拍动翅膀产生的，这种能制造风的鸟就是凤，故崇拜凤为各方风神，认为四方各有一只巨鸟在拍动翅膀。

崇凤也是楚国先民崇拜雷神和火神的一种反映。楚国特殊的地理和气候，导致雷电频发。在楚国先民的眼里，雷电是十分神秘的，极易引起先民的崇拜。所以，楚人对雷神、火神的崇拜程度令人惊奇。楚之先祖为祝融，而祝融，在地是火正，在天若火神，是通天达地、造福人类的远古时代的圣人。祝融既是火神，又是雷神。楚人认为，凤是火之精，实际是火正的神灵。凤是一种神鸟。《春秋演孔图》说：“凤，火之精也，生丹穴，非梧桐不栖，非竹实不食，非醴泉不饮，身备五色，鸣中五音，有道则见，飞则群鸟征之。”

不管怎么说，楚先民与远古时代其他民族一样，在认识自然现象的同时，也试图对自身的生死作出解释。对于人缘何而生，先民初始的认识是模模糊糊的，笼罩着神秘的气氛，楚人的图腾和图腾崇拜，大致也是在这一特定背景下产生的。楚人崇凤实际上反映的是楚先民对自然的崇拜，反映了人们对日、月、星辰、山川、河流、雷电、风雨等的崇拜。

漫话『铁打的襄阳』

湖北襄阳市地处汉江中游，距今已有2800多年的建城史，是中国历史文化名城。今襄阳市的襄城区中心古称襄阳城，襄阳市即以古襄阳、古樊城为中心，汉江从中穿流而过。

在襄阳，素有“铁打的襄阳，纸糊的樊城”之说，意指襄阳城易守难攻，樊城无险可据。

襄阳发生的有史料记载的大大小小的战争就有200余次，其中历时最长、最为残酷的一次战役是南宋末年的襄阳大战，这场战争耗时近6年，最后终因樊城先行失守，导致襄阳失去犄角，加上长期遭受围城，

造成物资匮乏和战斗力下降，在等待救援无望的情势下，守将吕文焕率部投降。襄阳失守意味着南宋疆土失去了最后的屏障，元军长驱南下，于1276年攻下南宋都城临安，最终完成统一。

襄阳虽历经战乱，城池多次被毁，但屡毁屡建，千年古城至今屹立不倒，这与其所处的位置有很大的关联。襄阳城背山面水，其西、南连绵山峰十余座——万山、虎头山、真武山、岘山等，东、北面依滔滔汉江为天堑，山水围城形成了襄阳城天然的外围屏障。另外，襄阳城北临汉江，其他三面有人工开挖的护城河，四周修筑有高高的城墙，自然和人工造就的两道地理防线，在冷兵器时代，是不太容易被入侵者攻破的，这也成就了"铁打的襄阳"美誉。

人力不易逾越，但大自然的力量就不能低估了。与大多数依山傍水的城市一样，山洪暴发和河水泛滥是威胁襄阳城市安全的最大隐患，现在城市内涝"看海"的现象也是时有发生。从气象角度看，襄阳地区的"砣子雨"是最易带来暴雨洪涝气象灾害的，对"铁打的襄阳"极具威胁。

襄阳地处中原地区与江汉平原的过渡带，南北气候兼而有之，在夏季极易发生"砣子雨"。"砣子雨"主要是由中小尺度的天气系统形成的，往往具有局地性以及降水时间集中、强度大、灾害性突出的特点。这种局地短时强降水往往容易导致山洪突发、河流陡涨、泥石流出现等，对襄阳城外围城墙和护城河造成威胁。2007年8月29—30日，襄阳市区及周边县市局部地区降下"砣子雨"，襄阳市24小时降雨量达149毫米，属大暴雨量级。千百年来，这种极具威胁的气象灾害并没有给襄

四面环水的襄阳城
摄影：徐辉

阳古城造成毁灭性的伤害，这要得益于南渠（古称襄水）强大的排洪功能和护城河完善的排水系统。

史料记载，南渠原为汉江支流，明朝万历年间变为排水渠，全长14千米，绕襄阳城南部山体自西北往东南注入汉江，南渠流经的区域正好位于襄阳城与西南山峰之间，从襄阳城西的万山到城南的岘山，整个西南群山近30千米^{2}汇聚的山洪是造成襄阳内涝的主要原因，而南渠刚好能截住这些山洪，它责无旁贷地担负起排泄西南山洪的重任，避免了夏季山洪毁城，所以历朝历代都非常重视对南渠的疏通维护。

襄阳护城河的平均宽度为180米，最宽处达250米，人称“华夏第一城池”，护城河水如果太少就起不到防御作用，过多就会溢出河道威胁城墙，甚至成为城市内涝的帮凶，因此建设护城河的排水系统十分重要。人们通过建设闸门实现护城河与南渠和汉江的连通，枯水季节开闸引汉江水进入城濠，丰水季节或遇暴雨则开闸将水排进汉江，使护城河水位维持相对稳定，一引一排之间，就将护城河的防洪泄洪功能发挥到了淋漓尽致的地步。2000年，在修建环城南路时出土的《重浚襄渠记》石碑，对襄阳护城河的功能有明确记载。《襄阳县志·岁修章程》称：“宋郭杲旧设二闸，盛涨之时闭北闸，开南闸，放浑水入汉（汉江）；大水既退，则闭南闸，开北闸，导清水入壕，方法极为尽善。”说的就是这个道理。

城市规划布局涉及诸多方面，自然地理条件、人文社会环境、经济发展水平等都在考虑之列。襄阳城在建城之初是否进行了气候可行性论证已无从考证，但它顺应“天时”、巧用“地利”，从源头上规避气象风险的建设理念，在今天看来仍有学习和借鉴的意义，这或许是“铁打的襄阳”带给我们的启示。

『茶马古道』中线探源

提起中国茶的历史和文化，人们很容易联想到滇藏、川藏之间的“茶马古道”，却忽略了在湖北境内一个有着千年历史的“万里砖茶古道”——中俄古砖茶之路。

湖北赤壁砖茶文化沉淀深厚，是茶马古道的中线源头，这一堪比丝绸之路的“万里砖茶古道”就是以赤壁赵李桥镇的羊楼洞为起点，砖茶由独轮车运抵新店装船，顺长江至汉口，溯汉水至襄阳，再改道山西，经内蒙古到达俄罗斯的恰克图，从那里再转口销往欧洲。在那时的湖北版图上，最为知名的两个地方就是汉口和羊楼洞。

羊楼洞为什么成为茶马古道的中线源头？

青砖茶是湖北的“独家宝”，羊楼洞的茶文化以青砖茶为主，而砖茶是在运输的过程中慢慢地摸索出来的，作为蒙古族生活必需品的奶茶中的青砖茶就来自赵李桥茶厂。

赤壁砖茶历史悠长，始于汉，盛于唐宋，清末达到鼎盛。汉代张骞出使西域，开辟了丝绸之路和茶马古道。羊楼洞——新店茶马古道线位于赤壁市赵李桥镇和新店镇，东北距赤壁市区25千米，线路全长15千米，是一处自唐至清末的茶叶出口运输路线。唐宋的茶马互市使得茶马古道成为繁忙的商旅贸易之道、中西文化交流之道。古老的赤壁是这条茶马古道的重要起点之一。清代道光、咸丰年间，赤壁的羊楼洞“川牌”砖茶及各种细茶产品成为周边国家和欧美的抢手货。俄、德、日各国在羊楼洞竞相办厂，使赤壁制茶业成为湖北省的工业龙头。赤壁大地处处有茶，人工栽培起于汉而盛于唐，它是茶叶大量外销出现的新兴产业。唐代已将赤壁茶列入国家茶马互市项目。历经宋、元、明、清各朝，赤壁茶叶种植、制作、销售长盛不衰。

茶产业如此发达离不开当地自然气候的优势。赤壁市地处鄂南边陲，为幕阜山低山丘陵向江汉平原过渡地带，属亚热带季风气候区，气候温和湿润，冬无严寒，夏无酷暑，年平均气温16～17℃，活动积温5360℃·d，年平均日照时数1736小时，年平均降水量1600多毫米，非常适合茶叶生长的要求。从土壤方面来说，赤壁市林地土壤主要有红壤、黄棕壤和石灰土。土壤有机质含量丰富，自然肥力高，非常适宜茶叶栽植。因幕阜山余脉分布，幽涧清泉，烂石砾壤，弥雾沛雨，所以赤壁茶承丰壤之滋润，受甘露之霄降，畅享大自然之惠遇，独特的有利于茶树生长发育的气候、土壤、水分等优化组合的自然条件，为茶叶的生理和生化过程物质代谢创立了稳定的生长环境，成就了赤壁茶叶自然品质优异的外在因素。

茶不仅仅是人们生活的饮品，更多的是已经形成了一种文化。上承西汉，下启唐宋，传承延续至今，茶文化内涵十分丰富。茶马古道中线源头的赤壁，其砖茶文化历史久远。茶马古道表面是一条贯通中西的道路，实际上却是以茶文化传播为代表的中西文化交融的一个独特载体与形式。

茶马古道
摄影：冯光柳

武汉街头竹床阵

武汉街头的竹床阵

在长江里玩水、光着膀子下棋、抱着茶壶喝茶、顶着毛巾出门、当街给小孩洗澡、摆竹床阵纳凉……这是20世纪80年代前老武汉典型的“消夏”情景，而这其中最具代表性的，莫过于武汉街头的“竹床阵”了。

过去的夏天，一到傍晚，武汉街头家家户户都会摆出竹床，摇着芭蕉扇在街边乘凉，竹床多了，就形成了壮观的竹床阵。那个年代，外地人夏天到武汉，最惊讶的就是铺天盖地的竹床阵。那时京广铁路穿城而过，乘坐晚班列车的人，看着车窗外的十里长街、十里长阵，瞠目结舌。路有多长，阵就能摆多长，路曲折向前，阵就顺势而拐，形成一道独特的风景线。

说实话，竹床并不是什么稀罕东西，但除了武汉，古往今来，好像再没有一个城市能够摆出竹床阵这般壮观得令人唏嘘的景致。竹床阵作为武汉的民俗，已历史悠久。清道光年间叶调元的《汉口竹枝词》中就有“后街小巷暑难当，有女开门卧竹床。花梦模糊蝴蝶乱，阮郎误认作刘郎”的句子。

一句“暑难当”道出了竹床阵的主要成因，在夏天来过武汉的人都体会过当地暑热的“威力”。武汉的热是霸道的，铺天盖地的，无处可躲的，不让人喘气休息的。武汉的热有自己的特点——最高气温不能“问鼎”，最低气温却能“夺魁”。在北方，太阳落山，凉风徐徐，人们就能从白天的酷暑中缓过劲来喘口气儿了。而武汉的夏夜却依然会将白天的暑热延续。气象资料显示，1960—1989年武汉夏季（6—8月）平均气温为27.4℃，其中最低气温平均值为23.8℃。30年间，排名前五的最低气温值均超过了29℃。可以想见，在那个没有空调的年代，摆满街头的竹床阵陪伴武汉人度过了多少个炎炎夏夜。

武汉的夏天是很难熬的，不仅在于居高不下的气温，还在于武汉丰富的水资源。平时惠泽武汉的长江、汉江及大大小小一百多个湖泊，到了夏天却变成了水汽源。天上有烈日在烤，地下大面积的水在蒸发，犹如把武汉放进了密不透风的笼屉里。高湿成为武汉夏天的一大标签。

彼时夏日的傍晚，每当夕阳无限好，便是大摆竹床阵的时候了。女人们提着铁皮水桶率先登场，往滚烫的水泥地面上一遍遍地浇上冷水，一桶水下去，蒸气立刻冒上来，便像今天时髦的蒸汽浴，四五桶水下去，暑气才消。接着便是男人们扛着竹床登场，然后拎一桶温热水，拧湿一块干净布抹竹床，算是完成了今夜纳凉的第一件大事，剩下来的就是整个夜晚的享受。竹床摆好之后，便开始吃晚饭，随后大人们或娱乐，或聊天，孩子们则到处乱窜。如此日复一日，便是一个夏天。也许有些外地人感到陌生甚至看不惯，唯有生活在这座城市的人，才能在这种烟火人家的寻常日子中体味到别样的生活情趣。

如今的夏夜，武汉人消夏的方式已经发生了变化。在二曜路，喝靠杯酒的老哥们在消夜，他们的低语静静地在燥热的空气里传诉；在汉口江滩，川流不息的人群吹着凉爽的江风，直至深夜仍不肯离去；在吉庆街，武汉人演绎着夏夜的传奇——这里已成了向外地人展示武汉民俗的一个招牌；在汉正街悠长的小巷里，贩夫走卒交错往来，民间小布作坊机器轰隆，各色小店灯光闪烁，排挡小吃香味诱人……

今天，我们最终没能在武汉找到成规模的“竹床阵”，它摆不起来了。它像夏夜洒在地上的凉水一样消失在时光的蒸腾里，不再成为一道风景。城市在大步向前迈进，只有关于昨天和今天的感慨，在回忆中流传。

大水冲出来的地方戏

毛泽东主席曾说：“原来黄梅戏是被大水冲到安徽去的呀！”甚至可以说，黄梅戏就是被大水冲出来的。由于湖北水灾频繁，大水冲出了许多富有特色的地方戏，如沔阳花鼓戏、广济文曲戏、天门三棒鼓等。

黄梅戏

黄梅戏，旧称黄梅调或采茶戏，与京剧、越剧、评剧、豫剧并称为中国五大剧种。黄梅戏唱腔纯朴清新，细腻动人，以明快抒情见长，听起来委婉悠扬，韵味绵长，具有丰富的表现力，并且通俗易懂，易于普及，深受各地群众喜爱，2006年被国务院列入第一批国家级非物质文化遗产名录。

1956年，安徽安庆黄梅戏剧院把黄梅戏传统剧目《董永卖身》改编加工成大戏，并搬上银幕，因著名艺术家严凤英、王少舫的精彩表演，使得一曲《天仙配》家喻户晓，蜚声海内外，同时也给黄梅戏打上了安徽省安庆市的标签。

许多人会问，以湖北省黄梅县命名的黄梅戏怎么会跑到安徽去了呢？史志资料表明，竟然是气象因素导致的。

黄梅戏源于黄梅县的采茶歌。黄梅地处鄂、皖、赣三省交界处，夹在长江和龙感湖之间，大部分地势低洼，有“江行屋上，民处泊中”之说，自然灾害频繁，水患最为突出。据《黄梅县志》载：从明洪武十年（1377年）到1948年，黄梅县发生特大自然灾害103次，其中大水灾65次。黄梅县隶属黄州府，《黄州府志》记载：清乾隆年间，朝廷为黄梅灾害，主要是为水灾发了十次《圣谕》，在《圣谕》中反映了受灾惨状：“因江水冲溢，民田庐舍无不漫漫”“江水暴涨，居民田庐猝被水淹”“黄梅等县据荆楚下游，内湖外江，易致淹浸。”

如此频繁的水患灾害，迫使黄梅人纷纷背井离乡，外出逃荒，大部分灾民携儿带女，生活无以为继，只能以乞讨过活，为能多讨得一点饭米，他们只好通过演唱家乡的“采茶调”等形式来讨钱化米。正是这些灾民年复一年的演唱，才使“黄梅调”迅速传播开来，一度流传到皖西南、赣东北、鄂东南50余县。

当黄梅戏传到安徽安庆一带，当地民间艺人不断加以完善和改进，大量吸收当地语言和民歌小调，并借鉴徽剧艺术的表演形式，促使黄梅戏迅速发展，最终走向了全国，走进了千家万户，成为老少咸宜、妇孺皆知的著名剧种。

大水将黄梅戏冲到了安徽，促成了黄梅戏的跨越发展，所以说，黄梅采茶调是黄梅戏艺术的起源，大水是黄梅戏艺术的催生剂和酵母，灾民是培植黄梅戏艺术的辛勤园丁，三者共同孕育了黄梅戏这朵艺术奇葩。

沔阳花鼓戏

沔阳花鼓戏，俗称“花鼓子”，起源于清道光年间的沔阳州，形成

沔阳花鼓《站花墙》
摄影：潘洪祥

于沔阳（今仙桃）、天门地区，流行于仙桃、天门、潜江、监利、洪湖、汉川、京山、钟祥、荆门、鄂南和湘北等地。1954年改称天沔花鼓戏，1981年又改名为荆州花鼓戏，2010年被列入第三批国家级非物质文化遗产名录，是湖北省江汉平原一带备受群众喜爱的地方戏曲剧种。

沔阳是“湖北花鼓戏之乡”，位于湖北省中心腹地，长江以北、汉水之南，一马平川，百里沃野。内有通顺河、通州河、东荆河流经，沟渠网织，湖塘星布，境内地势低洼，水灾频繁，故有“沙湖沔阳州，十年九不收”之民谣。据《沔阳州志——地埋》记载，天沔一带因“土瘠民穷”“十年九水”被称为“泽国”，即“水袋子”。在清乾隆三十年（1765年）到清同治九年（1870年）的104年间，天沔共发生水灾54次，“水势横溢数百里，人畜淹死无数，老弱转移，十室九空”。旧时百姓深受水灾之苦，只得背井离乡，靠敲碟子、拍渔鼓、打莲湘、玩莲花落、唱民歌小调乞讨谋生。据《沔阳州志》特大水灾纪实记载，清雍正二年(1724年)，就有“穿街过市流浪苦，沿门乞生唱花鼓”的情形。由此，因避水灾，在逃荒民众卖艺谋生的基础上形成了沔阳花鼓戏。

广济文曲戏

广济文曲戏，又名“调儿戏”，起源于鄂东的广济县（今武穴市）和黄梅县交界的太白湖区，是在明代流传下来的“俗曲”和民歌小调基础上逐步形成起来的，流行于鄂、皖、赣三省毗邻县市，2009年被列入湖北省非物质文化遗产名录。

文曲戏是从坐唱演变发展而来的，声腔有文词、南词、四板、秋江、平板五个大腔系及80多种曲牌。曲牌小调清丽明快，流畅自如，极富乡土气息和地方色彩。广济、黄梅始称调儿，南昌、九江叫作清音，宿松、安庆谓之儿家腔、文南词，后由广济改名为文曲戏。

太白湖区是一个“十年九不收，大家卖唱信天游”的地方，早在明朝万历十一年（1583年），广济县志就有“以文曲泳赞太白渔歌”的记载。广济地扼吴头楚尾，南北交汇，历来是鄂、皖、赣毗连地段的“三省七县通衢”，江湖沟通。起初，文曲戏为一人操琴伴奏，一人操板主唱，在很长时期内主要是盲艺人和逃荒卖唱者传播。特别是逢遇灾年，乡民们带上胡琴、木梆等工具沿途卖唱求乞，使得文曲戏广为流传。

天门三棒鼓

天门三棒鼓，源于唐代的三杖鼓，流行于湖北江汉平原天门、沔阳一带和鄂西南恩施自治州一带，流传广泛，有的还传到国外。关于它的产生与长期流传，虽然民间有“周天官一本堵九河”的传说，但实为历代封建统治者横征暴敛，不修堤防，致使当地十年九水，连年遭灾，百姓为了生存，纷纷以打三棒鼓、敲碟子、唱小曲等形式沿门乞讨，奔走四方，经过长期的演唱实践，逐渐形成了这一形式独特并具有浓厚地方风格的走唱形式。2010年，天门三棒鼓被列入第三批国家级非物质文化遗产名录。

历史上在天门、沔阳一带，由于地势低平、多水，往昔水灾不断，民众深受其苦。一遇水灾，穷苦百姓为谋求生路，只好“背起三棒鼓，逃荒到四方”。清末天门《逃水荒》唱道：“正月是新春(哪)，宣统把位登(哪)，指望今年好收成(哪)，谁知啊荒得很(哪)。”“二月凉嗖嗖，人人带忧愁，采把野菜把生度，实在难下喉。”“五月是端阳，落种来插秧，大小淹得精精光。”“堤溃无人管，穷人饿肚肠，眼望洪水泪汪汪，携儿带女逃水荒。”

鄂西土家吊脚楼

吊脚楼
摄影：王文举

说起土家吊脚楼，很多人就会想起土家族诗人汪承栋写的一首赞美吊脚楼的诗：“奇山秀水妙寰球，酒寨歌乡美尽收，吊脚楼上枕一夜，十年作梦也风流。”如今走进湖北西部的山区，只要稍加留意就会发现，在郁郁葱葱的山坡上，在清澈的小河边，或在被土家人称为坝子的边缘，都点缀着吊脚楼。

吊脚楼源于古代的干栏式建筑，是鄂、湘、渝、黔土家族居住地区普遍使用的一种民居建筑形式，距今已有四千多年的历史。如今鄂西土家仍在沿用吊脚楼，长阳县城、五峰县城现在所建的高楼大厦也采用吊脚楼形式，只是所使用的建材已是钢筋混凝土了。沿着清江河边，走进仙人寨，一座座重重叠叠的土家吊脚楼群就会展现在眼前，古色古香，金碧辉煌。吊脚楼通风防潮，阳光充足，深受土家人喜爱，是土家族居住地区具有重要地方特色的建筑之一。

由于古时历代统治者对土家族实行屯兵镇压政策，把土家人赶进了深山老林，其生存条件十分恶劣，《旧唐书》说："土气多瘴疠，山有毒草及沙虱、蝮蛇。人并楼居，登梯而上，号为'干栏'。"土家人祖先居住的地方多瘴气和疠气，山上有毒草、蝗虫和毒蛇，在地上建房居住常常遭到它们的威胁和袭击。后来，土家人想到了一个办法，利用现成的大树作架子，捆上木材，再铺上野竹树条，在顶上搭架子盖上顶蓬，修起了大大小小的空中住房，吃饭睡觉都在上面，从此再也不怕毒蛇猛兽的袭击了。现在，这种"空中住房"已演变成了吊脚楼。

土家吊脚楼多为木质结构，它一半悬空，用木柱支撑，这些支撑的木柱就是楼的"脚"了，"吊脚"一词正因此而来。吊脚楼属于干栏式建筑，但与一般所指干栏有所不同。干栏应该全部悬空，如傣家的竹楼。而清江边上土家族的吊脚楼是一半悬空的，所以人们称它为半干栏式建筑。

鄂西土家吊脚楼的形成除了地理因素外，还有重要的气象因素。鄂西属亚热带季风湿润性气候，空气湿度大，特别是春夏季湿热气候突出，如果在地面上直接造房，在没有良好的防潮材料情况下，不利于人们健康居住。吊脚楼的木质结构，不像砖房那样很容易吸收水分，造成墙壁潮湿，而且木房子本身就是很好的天然空调，起到冬暖夏凉的作用。吊脚楼高悬在地面之上，既通风干燥，又能防毒蛇、野兽，楼板下还可堆放杂物。另外，每至汛期暴雨频繁，且遍及清江流域。由于暴雨大多降水强度大，短时间便可形成山洪，依山傍水的吊脚楼的这种悬空结构就能够避免山洪的冲击。

鄂西土家吊脚楼有鲜明的民族特色，优雅的“丝檐”和宽绰的“走栏”使吊脚楼自成一格，这类吊脚楼比“栏干”较成功地摆脱了原始性，具有较高的文化层次，被称为巴楚文化的“活化石”。吊脚楼临水而立、依山而筑，它采集青山绿水的灵气，与大自然浑然一体，是一个令人忘俗的所在，散发着生命的真纯，没有一丝喧嚣与浮华。身临其境，俗世的烦恼会烟消云散，困顿的胸怀会爽然而释。如果你有兴趣，那就去切身地好好体验一下吊脚楼所呈现的“天人合一”的美妙境界吧!

话说『不越雷池一步』

雷池在湖北黄梅县与安徽宿松县交界处，现称龙感湖。追根溯源，雷池由雷水而来，雷水的前身是古彭蠡，指今彭泽、湖口、望江、宿松、黄梅、武穴沿江一带湖泊地区。据北魏《水经注·江水》记载，江水流过九江后，向西南注入一个低洼地带积水为湖，湖的西面有座青林山，所以此湖称为青林湖。湖水西流称为青林水（今武穴武山湖区的水），青林水从广济（今武穴市）流到浔阳（今黄梅县）一分为二，一条向西南流入长江，一条向东流经安徽宿松通向大雷（今望江县）。这一条流水称为古雷水，其实古雷水就是现在的华阳河。

“不敢越雷池一步”典故出自东晋庾亮《报温峤书》：晋咸和二年（327年），历阳太守苏峻反，东晋都城建康（今南京）被围，驻守浔阳的平南将军温峤准备率大军驰援，庾亮回书劝阻道：“吾忧西陲过于历阳，足下无过雷池一步也。”《中国历史地图集》确标注自晋代后雷池即今黄梅与宿松境内的龙感湖。“不敢越雷池一步”的典故原意是叫温峤坐镇防地，不要越过雷池到国都去，引申义为做事不敢超越一定的范围。

雷池的命名实际上与气象关系密切。因为雷水一带濒临长江中下游地区，雷雨季节时间长，雷暴日数多，雷击灾害频繁。据统计，有记录以来黄梅年平均雷暴日数45天（武穴49天），年最多75天（武穴87天），是为“雷”；黄梅一带属于典型的亚热带季风气候，梅雨时节家家雨，且地势低洼，易产生渍涝而形成“池”，“渔家住在水中央”（雷池的渔歌）就是雷池渔民的生活写照。

雷池是武汉、九江通向安庆、南京的长江必经之地，同时又是扼守蕲春、武穴、黄梅、太湖、宿松内河的咽喉要道，成为江防要隘，军事重地，历代曾设戍、司、驿、汛。三国时，东吴为防魏、蜀进犯，在此设“雷池监”，并在西圩屯田，为军队提供粮草。东晋时，在此屯兵筑营垒，设“大雷戍”。1949年，秦基伟将军在此指挥横渡长江战役。有史记载的战争不下九场，而最著名的要数陈友谅与朱元璋之战。

1363年，陈、朱两军在鄱阳湖作生死大决战，双方兵力60万对20万。朱元璋明显处于劣势，人少船小，陈友谅人多势众、船坚箭利。朱元璋一度被陈友谅军包围，差点被活捉。朱升献“舍车保帅”之计，朱元璋才得以死里逃生。旷日持久的战争，双方粮食消耗殆尽。正在关键时刻，相传雷池岸边富豪蒋百万，用船押送陈友谅十万担军粮，由于大风作用，蒋百万竟将军粮阴错阳差全送到朱元璋军营，解了燃眉之急。最终，陈友谅中流矢身亡，朱元璋取得了鄱阳湖之战的最后胜利。后来，朱元璋称帝，建立明朝，曾赐石鼓一对给蒋家祠堂，以示表彰。

“利泊艨艟，飞驶南北”。雷池既是兵家必争之地，也是历代文学家、诗人吟咏之所。南宋文学家鲍照《登大雷岸与妹书》中描写雷池四面景色：“南则积山万状，负气争高……东则砥原远隰，亡端靡际。……北则陂池潜演，湖脉通连。……西则回江永指，长波天合。”这精彩的描述流传已有1600多年。南宋诗人陆游乘舟经过雷池，写出了“自雷江口行大江，江南群峰，若翠万迭，如列屏障，凡数十里不绝，自金陵以西所未有也”的《入蜀记》诗篇。唐代大诗人李白《秋浦寄内》：“我今寻阳去，辞家千里余。结荷倦水宿，却寄大雷书。”北宋政治家、书法家、诗人黄庭坚，元朝淮南行省左丞、都元帅余阙，元末明初学者、文学家危素等在这里都留有脍炙人口的不朽之作。相传东晋文学家陶渊明任彭泽县令时,听说雷池岸边有一块沙地，上面遍植桃树，原名桃花滩，在烟花三月的一天，便携家人乘舟至此观赏客寓数日，并被桃园的胜景而陶醉，在离村的最后一个晚上，为后人留下了《桃花源记》。之后，村人为怀念陶渊明，便将桃花滩改名为“陶寓滩”。

关于雷池，历史上还有一则故事，说的是：三国吴人孟宗任雷池监时，由于是个孝子，他将腌鱼送给母亲，母亲说：“你是渔官，以咸鱼送我，也不避嫌？”孟母深恐儿子以权谋私，因此拒绝接受腌鱼，警示为官者应清正廉洁，不要徇私枉法。

天仙配
摄影：付雯雯

自然风物，与气象的关系千丝万缕。“孝”作为一种社会文化，同样也有深深的气象烙印。湖北的孝感，因董永行孝感天而得名，是全国唯一一个以孝命名又以孝知名的城市。《二十四孝》中有三孝的主人公是孝感人，他们的行孝经历，浸蕴着气象风云。

董永行孝感天。孝感历史上第一个孝子，是以卖身葬父之孝心感动天庭的孝子董永。董永行孝、天女婚配的故事流传千古，脍炙人口。这位淳朴而憨厚的农夫和美丽的七仙女的动人故事被编成楚剧、川戏、黄梅戏，乃至拍成电影《天仙配》，可谓家喻户晓，尽人皆知，以至今人以“董永故里”作为孝感的代称。

董永的故乡在哪里？他为什么要到孝感？考证史料，这是一个与气象有关联的话题。据历史文献记载，董永的故乡在今山东省博兴县陈户镇董家庄。山东省嘉祥县武氏家族墓地出土的东汉晚期的武梁祠石刻，画有董永行孝的故事，画像中明确记载“董永千乘人也”，千乘在汉代属青州，今博兴县即汉代千乘县的一部分。

那董永为什么又到湖北的孝感？这与当时的气象、气候条件密切相关。据有关文献记载，董永的故事发生在西汉晚期。汉成帝建始四年（公元前２９年）至鸿嘉四年（公元前１７年）前后１２年多，黄河下游经常出现暴雨，洪水泛滥成灾，其下游的馆陶、渤海平原等地３次决口，河水流入济南、千乘等地。

北方暴雨，导致董永的家乡被水淹。董永无家可归，随流民逃往南方，可是，南方又因旱灾，有大批的流民往北逃，董永到达江夏郡安陆县（今湖北孝感）就停留了下来。当时的江汉地区，相对来说是风调雨顺，经过从春秋时代的楚国到汉代两百多年的开发，已经是一个比较富庶的地方。董永在此谋生，就是一种比较好的选择了。

黄香扇枕温衾。古泽云梦有个年轻人黄香，汉安帝时官至尚书令，颇有政绩。他为其老父“扇枕温衾”的故事家喻户晓。有诗云：

“冬月温食暖，炎天扇枕凉，儿童知子职，知古一黄香。” 9岁的黄香在夏日暑热时为父亲扇凉床枕，在冬天寒冷之日用身体为父亲暖被，在当时被封为孝的“典范”。

孝感境内四季分明，冬季盛行偏北风，夏季盛行偏南风。盛夏季节，气温高达36～38℃，最高可达40℃以上；冬季具有气温低、雨量少的季节特征，平均气温多在3℃以下，最低气温可降到-10℃以下，并经常伴有5级以上的偏北风，这就是俗话说的“干冷”。两千多年前，没有空调，在高温季节，黄香用扇子为父亲凉枕；没有暖气，在寒冷之日，黄香用身体为父亲暖被，显示了这种气候条件下的至孝至诚。

孟宗哭竹生笋。流传甚广的二十四孝里有“孟宗哭竹生笋”的故事。孟宗家在今孝感市的孝昌县，对母亲十分孝敬。一次，孟母病重，医药无效，医生教孟宗用笋煮汤食给母亲吃。此时正值冬日没有竹笋，孟宗急得无法，便前往竹林，抱竹痛哭。一念之诚，忽然地裂长出嫩笋几茎，孟宗高兴地拿回家，煮汤给母亲吃，母亲服后竟然不药而愈。

竹笋一定不是哭出来的，从气象科学角度说，也有可能是由于特殊的气候条件，使平时不会出现的竹笋长了出来。竹笋是竹子的侧芽形成的，属于无性生殖，是植物内部细胞分裂、增大、伸长的结果，受温度影响较大，一般春季出笋，特别是春天雨季打雷之后生长最快。在孟宗生活的年代，如果正处于“暖冬”，冬季出笋，也并非完全不可能。自然现象与社会现象的和谐统一，成就了一个历史典故。

梅子黄时话梅雨

雨中行
摄影：陈石定

“若问闲情都几许？一川烟草，满城风絮，梅子黄时雨。”这是北宋词人贺铸的名句，词人以其丰富的才情创造出了一幅朦胧、迷惘的意境，并以这首词获得了“贺梅子”的雅号。

词中的“梅子黄时雨”也称作梅雨。每年夏初，在湖北省宜昌以东的江淮地区常会出现连阴雨天气，往往气温较高，阴雨连绵，空气潮湿。由于这一时期正是江南梅子黄熟之际，故称之“梅雨”。它是长江中下游特有的天气气候现象。又由于空气湿度大，器物易霉，梅雨亦称“霉雨”。正常年份，梅雨一般出现在6月中旬到7月中旬，大致在芒种和夏至两个节气内。

古人对梅雨的描述由来已久，在中国史籍中关于梅雨或霉雨的记载不胜枚举。例如，《初学记》引南朝梁元帝《纂要》“梅熟而雨曰梅雨”。唐柳宗元《梅雨》：“梅实迎时雨，苍茫值晚春。”明代谢在杭《五杂炬·天部一》记述：“江南每岁三、四月，苦霪雨不止，百物霉腐，俗谓之梅雨，盖当梅子青黄时也。”明代杰出的医学家李时珍在《本草纲目》中更明确指出：“梅雨或作霉雨，言其沾衣及物，皆出黑霉也。”

湖北处在长江中游，其梅雨天气气候特点明显。湖北省梅雨平均入梅日期为6月16日，平均出梅日期为7月8日，梅雨期长度平均为23天左右。进入梅雨期，雨量大、降水集中就成为降水的主要特征，降雨量约占全年总雨量的26%，占主汛期雨量的60%～70%；暴雨量是梅雨量的主要组成部分，梅雨期的平均暴雨量约占梅雨量的50%～70%。同时，湖北梅雨期降水时间和地域分布不均，年际间差异较大。根据每年梅雨期的不同情况可分为正常梅雨、早梅雨、迟梅雨、空梅雨、二度梅（倒黄梅）等。梅雨过后，初夏宣告结束，盛夏高温季节来临。

梅雨季节阴雨天较长，空气潮湿，物品容易发霉，人们在衣食住行方面需格外注意。穿衣方面最好选择干爽透气的布料衣物。由于梅雨天霉菌比较活跃，一些蚊虫繁殖速度很快，尤其是一些肠道性的病菌很容易滋生，这时要注意卫生，防止食物霉烂，尽量不吃生冷食物，以免引起肠胃疾病，并防止传染病的发生和传播。要保持家居衣物通风干燥，购买竹炭、木炭等制品可以吸湿，降低房间里的湿度。要特别注意防渍防涝，避免暴雨洪涝和雷电给人民生命财产造成损失。

特产风味篇

放眼荆楚大地，江河奔流，灌溉沃野良田，米如珠玉；幽谷藏宝，滋养山林奇珍，灵菇飘香。处处鱼米之乡，盘盘舌尖妙味，怎不令人心驰神往？本篇为您开启一段美食之旅，愿您在品尝湖北美食时，尽享其中的气象韵味。

洪山菜薹的传奇

武汉有悠久的饮食文化，舌尖上的武汉让这座城市散发着独特的风味。如果说热干面、鸭脖、四季美汤包遍布大小餐桌，那么洪山菜薹就显得“高大上”了，与武昌鱼一起被列为楚天两大名菜。

没有吃过洪山菜薹的人，可能会吃过紫菜薹，它是西南地区和长江中游一带比较常见的冬令蔬菜，有些地方也叫它红菜薹或者油菜薹。洪山菜薹其实就是紫菜薹的一种，特指原产于湖北省武汉市洪山区一带的紫菜薹，它的身形、质地、口感却又和一般的紫菜薹大不相同，在尝过洪山菜薹以后你就会明白，以前你吃到的都是普通菜薹，只有洪山菜薹才是响当当的菜薹。

武汉市洪山区处于丘陵地带，有九岭十八坳，土质为红壤和黄壤土，含有丰富的钙、铁、锌、磷等矿物质；另外，北有洪山、南有南湖，二者之间“聚宝盆”的地形形成了一片“暖冬小气候”，只有这里长出来的菜薹，味道才正宗。因此，就有了凡能听到宝通寺钟声的地方，即为正宗的洪山菜薹的说法，超此范围，菜薹的颜色就变浅，味道也变差——“塔影钟声映紫菘”（紫菘即洪山菜薹）的佳话也由此传

宝通寺塔
摄影：王斌

洪山菜薹
摄影：陈石定

开。从此，“菜薹唯有洪山好”便成为了人们的共识，清代的《武昌县志》《汉阳县志》中有洪山紫菜薹“味尤佳，它处皆不及”“距城（武昌城）三十里则变色矣，询别种也”之类的记载。其实，分析菜薹的生长条件不难发现，土壤、气候对其影响至关重要，优质红菜薹只产在洪山，若迁地移植，不仅颜色不同，口味也有差异。

冬春之际，气候温和，最宜紫菜薹的生长。洪山菜薹播种一般在9月上中旬，从播种到菜薹采摘大约需两个多月。武汉地区的9—10月，正值秋高气爽，日照条件完全能满足洪山菜薹的生长需要。在头茬菜薹采摘后，若水肥气温条件适宜，5天左右即能长出新的菜薹。

武汉人引以为自豪的洪山菜薹已有1700多年的历史，期间有很多故事和传说。近代学者王葆心在《续汉口丛谈》中写道，李鸿章在武汉做湖广总督的时候，非常喜欢吃洪山周围种植的紫菜薹，他命人将洪山菜薹移植到老家合肥，发现口味大变。于是他干脆大张旗鼓地挖了一大堆洪山的土，用船载回了合肥，继续他的移植试验，结果肯定是失败的。相传，唐初著名大将尉迟敬德出任襄州都督，途经江夏，当地刺史准备了一桌丰盛的酒席，尉迟敬德惟独对洪山菜薹情有独钟，同时嘱咐刺史，请他每年送去一筐菜薹。三年过去了，尉迟敬德在府上苦等菜薹未到，于是派人到江夏催促。差役回报说，东山（洪山）出了“湖怪”，菜薹都被妖怪吃了，尉迟敬德不信，便亲自带领一班人马来到东山，果然看见一大片菜薹全都有叶无薹。这时，弥勒寺（今宝通寺）的主持对尉迟敬德说：“要整治这些害人的妖怪不难，只要在东山南麓，敝寺的西面建一座七层八面的宝塔即可。”尉迟敬德听此言后急忙亲自进京见驾，请皇帝赐金建塔。唐太宗李世民当即下诏，拨皇银万两，命尉迟敬德立即建塔。结果，宝塔（现洪山宝塔）建成了，妖怪镇住了，而尉迟敬德因积劳成疾，还没有来得及吃上新长出来的芸薹菜就不幸谢世了。从此，由于宝塔的神威，弥勒寺钟声播及之处，长满了茂盛的芸薹菜。其中以宝塔投影之地生长的薹菜味道最佳。人们又可以吃到又脆又甜的薹菜了，这“芸薹菜”就是后来的洪山菜薹。

洪山菜薹的茎干部分呈喇叭状，从下到上，逐渐收小，而其他地方出产的菜薹茎干则上下粗细一致。正宗的洪山菜薹除外形肥壮外，色泽也较浅红，口感较清，主要食用部分是嫩薹秆，营养丰富，甜脆爽口，以长逾尺许、一指粗细、颜色紫红、质地鲜嫩者为上品，经霜冻后味道特佳。

洪山菜薹的吃法一般有两种，一种是清炒，其紫干亭亭，黄花灿灿，茎肥叶嫩，素炒登盘，清腴可口；另一种是用红菜薹和腊肉煸炒，成菜色泽紫红，菜薹鲜香脆嫩，腊肉醇美柔润，富有浓厚的乡土风味。

经现代研究分析，洪山菜薹的可食部分，含有多种生物活性成分和营养成分。由于洪山菜薹色、香、味、形俱美，又应了紫气东来之说，因而它是春节前后的席上珍馐、待客佳肴。

洪山菜薹，在带给人们营养的同时，也给人们带来健康和美丽。

武汉热干面的起源

武汉热干面
摄影：李必春

武汉热干面是颇具武汉特色的小吃，是我国名面之一。无论是来武汉参会还是旅游的人们都要设法品尝武汉名吃——热干面，就连在外工作或学习的武汉人回武汉后的第一站也是迫不及待地去热干面馆解解馋，可见武汉热干面深受人们的喜爱。

热干面既不同于凉面，又不同于汤面，面条要事先煮熟，拌油摊晾，吃时再放在沸水里烫热，加上调料，成品面爽而筋道，黄而油润，香而鲜美，诱人食欲。

说起武汉热干面的由来，还流传着一个故事。相传20世纪30年代初期，汉口长堤街有个名叫李包的食贩，在关帝庙一带靠卖凉粉和汤面为生。有一天，天气异常炎热，他有不少剩面未卖完，怕面条发馊变质，便将剩面煮熟沥干，晾在案板上。一不小心，碰倒了案上的油壶，麻油泼在面条上。李包见状，无可奈何，只好将面条用油拌匀重新晾放。第二天早上，李包将拌油的熟面条放在沸水里稍烫，捞起沥干入碗，然后加上卖凉粉用的调料，弄得热气腾腾，香气四溢。人们争相购买，吃得津津有味。有人问他卖的是什么面，他脱口而出："热干面。"从此他就专卖这种面，不仅食客竞相品尝，还有不少人向他拜师学艺。后来，蔡明伟继承了李包的技艺，并反复改良形成了一套特定的技艺流程，制作出了"爽而筋道、黄而油润、香而鲜美"的热干面。

武汉热干面的由来和产生与武汉的气候特点有着密不可分的关系。武汉夏天高温，历时长，夏季极长达135天，又地处内陆，距离海洋远，地形如盆地，集热容易散热难，河湖多故夜晚水汽多，加上城市热岛效应，十分闷热。高温和高湿的天气条件使得食物的贮存成为难题。长期以来，武汉人在面条中加入食用碱以防变质，这就是热干面的前身——切面。清朝《汉口竹枝词》就记载："三天过早异平常，一顿狼餐饭可忘。切面豆丝干线粉，鱼餐圆子滚鸡汤。"热干面就是在这样的天气气候背景下，因为一个面贩的偶然之失而衍生发展出的一种名吃。

武汉热干面经过长期演化，其品种也产生了很大的变化，从单一变得多样。20世纪80年代前后主要有三个品种，即叉烧热干面、全料热干面、虾米热干面。发展到20世纪90年代，就出现了全料热干面、虾米热干面、虾仁热干面、雪菜肉丝热干面、炸酱热干面、财鱼热干面、三鲜热干面、果味热干面。进入21世纪以后，又出现了红油热干面、红油牛肉热干面等。

地道的武汉人都了解，吃热干面是有讲究的。首先下面的师傅一定要经验丰富，把握好烫面的火候和时间，原料要地道，调料要上等，配菜要天然。此外，还可以根据各人的喜好，喜欢辣的可以加入辣椒红油，另外还有咸菜、萝卜干、酸豆角等供选用，加香菜也可以。在食用之前要趁热把面拌匀，芝麻酱全都糊在面上，似蚂蚁上树，这时再吃，就格外地香气扑鼻，味道好极了。吃热干面时最好是冲一碗蛋酒，或者来一袋牛奶，或者一杯豆浆，一边吃一边喝。只吃不喝，就会觉得嘴巴干干的，也就吃不出热干面的极品味道了。

武汉热干面最能代表武汉人性格和文化的兼容并蓄，细腻而粗犷，是荆楚民俗和饮食文化中不可缺少的一部分。

京山桥米的气象归因

“桥米长，三颗米来一寸长；桥米弯，三颗米来围一圈；桥米香，三碗吃下赛神仙。”当地的这首儿歌描绘了桥米之妙。温润的自然气候、肥沃的土壤、丰富的水源，不仅孕育了勤劳智慧的京山人民，也孕育出了品质出众的稻米——京山桥米。

京山桥米从明朝嘉靖年间就成为皇家贡米而声名远扬，有关桥米的传说也几乎是家喻户晓。传说，明朝嘉靖皇帝降世时啼哭不止，兴献王一家惊恐万状，出榜招医，恰好武当山真武大帝云游到此，揭榜进府，伏在嘉靖耳

水稻
摄影：杨锋

边说："贫道为你去寻粮食。"嘉靖当即止住了哭声。真武大帝走遍了承天府衙周围山头田地，皆不如意，最后选定了京山城西的一条山冲，用脚板踏了踏，手指按了按，出现了几十块田。当嘉靖开始吃饭时，果然只吃这山冲产的大米。以后进京当了皇帝，仍一直吃这里的米。令人称奇的是，这几十块田无论风调雨顺，还是旱涝灾害，总产增不过五石，减不过十石。据说米的产量变化是由于皇宫中添人减人的原因。人们觉得巧，将它取名"巧米"。因产地孙桥与此谐音，又被叫成了"桥米"。

水稻插秧
摄影：张洪刚

最为正宗的京山桥米来源于湖北京山县城西孙桥镇的蒋家大堰村。该村有甘冽的泉水，有如画的风光。京山桥米的特点是干、整、熟、白，青梗如玉，腹白极小，并且其颗粒细长、光洁透明，是水稻中不可多得的珍品。用桥米做的饭及其松软，清香扑鼻，可口不腻，能开脾胃，增食欲，营养丰富。另外，京山人喜欢用桥米制作米汁，把生米倒入干锅之中，用大火不停地翻炒，直至米粒金黄，再倒入水进行蒸煮，按个人喜好调控时间，等米汁出锅冷却之后便可食用。在炎热的夏日喝上一碗米汁，凉爽可口，清热降火，营养价值也非常高。

京山桥米优良的品质，首先来源于其优质的土壤。据有关专家对当地土壤土质的分析，桥米田土壤中的有机质、全氮、碱解氮、全磷、速效磷含量都明显优于周边其他地区的产田。独特的土壤，富含多种微量元素，特别是铁的含量比较高。其次，京山桥米的优良品质还由于其灌溉水源来自山涧的温泉水，含有丰富的铁硒等元素。优质的土壤加上甘冽的泉水灌溉，使得桥米外观上看起来细长、粒粒饱满、光亮，内里更是富含人体所需的各种氨基酸、微量元素等多种营养物质。

京山独特的气候条件也是京山桥米优良品质形成的重要因素之一。京山县地处江汉平原与鄂北大洪山余脉岗地之间的过渡地带，多丘陵。京山桥米多为一季晚籼稻，生育期比较长。每年7月中下旬移栽，8月下旬至9月上旬抽穗扬花，9月中旬到10月中下旬灌浆，10月下旬收获。9月上旬，冷空气活动频繁，寒露风是导致晚稻减产、品质降低的重要因素。蒋家大堰村西面和北面地势较高、东南地势较低，桥米田正好在山坳子里，地形的优势是能够有效阻挡冷空气的入侵和很快排出冷空气，使桥米田少受寒露风的侵袭而保持稳定的产量和优良的品质。9月中旬到10月中下旬，京山秋高气爽，晴朗日数多，光照充足，昼夜温差大。白天光照充足，温度比较高，桥米光合作用的效率比较高，而京山优良的空气质量使得到达地面的蓝紫光谱成分较多，有利于蛋白质等多种营养物质的合成；夜间气温低，桥米呼吸作用较弱。这样一来，桥米光合作用积累的能量和营养物质比较多，品质自然好。另外，京山年平均降水量1075毫米，水利灌溉条件比较好，山泉水汩汩而出，常年不竭，也为桥米创造了良好的生长条件。

荆沙甲鱼名传四方

荆沙甲鱼因盛产于荆州、沙市地区，并使用荆沙酱来制作而得名，也称荆州甲鱼。

禹划九州，始有荆州。荆州是楚文化的发源地之一，20代楚王定都于此，长达411年。荆州的饮食文化也源远流长。由于地跨长江两岸，临汉水之滨，境内河流湖泊星罗密布，盛产各类淡水鱼，长期以来荆州人的重鱼食俗，形成了其独特的地方饮食文化特色。

荆州古代四大名菜——龙凤配、鱼糕丸子、皮条鳝鱼、冬瓜鳖裙羹，样样都离不开鱼。其中，冬瓜鳖裙羹是荆州古城历史悠久的传统名菜，历来作为菜中上品，距今已有1000多年的历史。其主要原料——鳖，又名甲鱼。《江陵县志》记载，北宋时期，宋仁宗召见江陵张景时问其在江陵所食何物，张景回答："新粟米炊鱼子饭，嫩冬瓜煮鳖羹。"可见，荆州处处鱼米香，佳肴要数鳖裙羹，甲鱼饮食文化已成为荆州饮食文化的代表。

我国很早以前就有"鳖可补痨伤，壮阳气，大补阴之不足"的记载，自古以来就被人们视为滋补的营养保健品，是水产之珍品、酒宴之佳肴。甲鱼不但味道鲜美、高蛋白、低脂肪，而且含有大量胶质和多种微量元素，具有鸡、鹿、牛、猪、鱼这5种肉的美味，素有“美食五味肉”之称。荆沙甲鱼，是道大菜，但现在已经进入平民百姓的餐桌，目前湖北的婚宴上大多都会上这道菜。这道菜以甲鱼为主料，配以荆沙红油酱、豆瓣酱等特制辅料，经汆、煎、烹、焖、调等工艺精制成菜。汤色红艳粘稠，闻起来更是香气扑鼻，尝一口，只觉甲鱼肉咸鲜香辣、滑嫩爽口，酱香色浓、口感丰富，因其有滋阴补肾、调补气血、强身健体、散滞开胃的功效，所以是人们秋冬季节补充能量、调理脾胃、增强体质的上好佳肴。

荆州素有“鱼米之乡”“淡水渔都”之美誉，水产养殖已成为荆州的特色产业、农民的致富产业、农村经济的支柱产业。这主要得益于荆州独特的区位优势和适宜的气候条件。荆州地处江汉平原腹地，境内江河纵横、湖库众多、塘堰密布。全市共有水域面积531万亩，占版图面积的四分之一。除长江外，有355个大小湖泊，142万亩鱼塘。荆州是我国重要的水生动植物资源种质库之一，有水生生物385种，其中鱼类109种。丰富的水产资源，是发展水产养殖业得天独厚的条件。此外，湿地资源是荆州最重要的农业资源，全市现有湿地面积900万亩，占国土面积的42%，加上气候温和，雨量充沛，光能充足，水质良好，保持了良好的生态环境，适合湿地动植物生长、栖息、繁殖，是我国湿地生物多样性的关键地区之一。这些优越的气候条件，也保证了各种名特优水产品，特别是甲鱼在荆州广泛的生存适宜性，目前荆州甲鱼的养殖面积达到了5万多亩。

甲鱼是以动物性饵料为主的杂食性两栖动物，对温度的要求特别高，水温能否控制好，直接关系着甲鱼的繁殖、生长和发育。甲鱼喜温，适于摄食和生长的温度是20～33℃，最适温度是25～30℃，20℃以下食欲减退，15℃停止摄食，12℃以下进入冬眠。而荆州市5—9月降水量666.8毫米，占全年降水量的60%以上；月平均气温21.5～28.1℃。这种雨热同季的气候特点非常有利于甲鱼的繁殖、进食和生长发育。甲鱼的适应性非常强，养殖模式以鱼鳖混养生态养殖为主。采用鱼鳖混养模式可以加速水体的物质能量循环，保持生态平衡，可充分挖掘生产潜力，提高水体利用率，提高经济效益，而且弥补了单养鳖周期长、收效慢的不足。鳖用肺呼吸，需要经常性地到水面呼吸氧气、晒背。其频繁活动可使鱼塘水温梯度变小，并使上下层水的溶解氧含量均衡，促进浮游生物的繁殖，方便鱼类摄食，优化了鱼与鳖的生活环境。

汉味鸭 味无穷

武汉周黑鸭、精武鸭脖等系列食品，风靡三镇，畅销全国，极大地丰富了江城饮食文化。天热时，人们一瓶啤酒就着一碟鸭脖子，边吃边聊，感受舌尖的瞬间麻辣与刺激。麻嘴不麻筋，辣口不辣心，麻得七窍通气，辣得浑身冒汗，够爽、够劲，除湿解暑，提神去乏。天冷了，来上一盘周黑鸭，细品慢咽，体验唇齿留香而余味悠长的神爽。甜中带辣，辣中带麻，麻中带香，驱寒保暖，开胃健脾。鸭脖、鸭翅、老鸭汤，逢席必鸭，武汉人对于吃鸭几乎到了痴迷的程度。

鸭既是餐桌上的美味佳肴，也是人们进补的优良食品，其营养价值很高。鸭肉的蛋白质含量比畜肉高得多，也是含B族维生素和维生素E比较多的肉类。鸭肉中钾含量最高，还含有较多的铁、铜、锌等微量元素。脂肪含量适中，且较均匀地分布于全身组织，性凉，是武汉暑天的清补食品，有滋五脏之阴、清虚劳之热、补血行水、养胃生津之功效。

谈到鸭，这里不妨套用唐代骆宾王的《咏鹅》，将“鹅”字改为鸭子的叫声：“嘎，嘎，嘎，曲项向天歌，白毛浮绿水，红掌拨清波。”不论鹅还是鸭，都是由野生绿头鸭和斑嘴鸭驯化而来。鸭可分为钻水鸭、潜水鸭和栖鸭三个主要类别。荆楚湖泊众多，水系发达，气候温和，雨水充沛，为鸭子的生长提供了舒适的“居住”生长环境。丰富的水草田螺，众多的小鱼、小虾等水生物，不仅为鸭子生长提供了优质天然饲料，还使其鸭肉品质更加环保，味道更加鲜美，是汉味鸭系列食品的理想原材料。

鸭子的品质与养殖有关，鸭子的养殖与气候相联。如破壳而出的小鸭宝宝对气温要求就较高。1—3日龄要求30℃，4—7日龄要求25℃，

水舞鸭歌
摄影：缪冬梅

2周龄以上的要求20℃左右。在初春的湖北，常年平均气温大多为9～10℃，小鸭宝宝的适应温度常常需要通过温室、暖房等小气候调节来实现。但是，作为汉味鸭产品原料却要求很高，对鸭子的选种、培育、养殖都有较为严谨的规范要求。

明媚的仲春，气温由冷转暖，湖北省大部气温为20～21℃，是鸭子生长最适宜的季节。可讨厌的“五月寒”（连续≥3天出现日均气温≤20℃的低温、阴雨、少日照的天气）常常突然袭击，一下子把气温从高于20℃拉回到10℃左右，这种忽热忽冷的天气，鸭鸭们极易患感冒，出现精神不振，食欲降低，羽毛松乱，鼻流清液，缩颈，咳嗽，伴有支气管炎、下痢等不同症状，对鸭子养殖极为不利。而这种带病的鸭子是绝对不允许进入市场的，更是被汉味鸭系列食品生产原料所弃用。

每年6—7月梅雨期间，由于连续暴雨，地上长期潮湿，鸭子更容易患上软脚病，又称软骨病。鸭子得了这种病一旦翻倒在地不容易站立，常用两翅支撑着地面迟缓行走，有的关节肿大，日渐消瘦，严重影响养殖质量。

成年鸭的大部分体表覆盖着羽毛，这类羽毛能阻碍皮肤表面的蒸发散热，具有良好的保温性能，因而鸭不怕严寒。即使在严寒的冬天也可在水面欢快游曳。但到了炎热的夏季，如果鸭群饲养密度大，通风不良，尽管成鸭对温度适应性较强，但当高温热浪一股脑儿袭来的时候，它们就有些招架不住了，常会因机体散热机制发生障碍、热平衡受到破坏而引发中暑等多种疾病，出现呼吸困难、急促等症状，甚至会翅膀张开下垂，口渴，走路不稳或不能站立，最后因虚脱而死亡。尤其是雏鸭体质娇弱，在一波一波高温的冲击下，更容易中暑，它们会出现烦躁不安、体温升高等症状，然后可能昏迷、麻痹、痉挛。因此，在盛夏做好鸭子的防暑降温工作也是确保鲜鸭产量的重要环节。只有这样，我们的餐桌才有更多的美味。

土家『鲍鱼』——腊蹄子

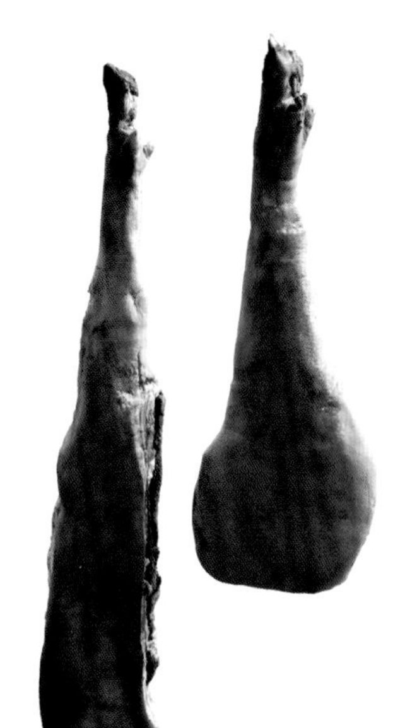

腊蹄子
摄影：张洪刚

恩施土家族是一个好客的民族，走进土家族聚居地，深山中的农家都有一个灶屋，灶屋里有一个烧得红红火火的大火塘，火塘里常架着一些树蔸（武汉方言中常把树干接近根部的部分称为树蔸）、树桩、渣科植物在燃烧，火塘上面则有一个能够升降的大铁钩，铁钩上悬挂着鼎锅或水壶，用于煮饭烧水。一到冬至，家家户户都要杀年猪，过年吃不完的，土家人为了便于保存，便把它制作成腊肉，灶屋的屋梁上晾着长长短短的腊肉。松树蔸、核桃壳儿、橘子皮等在火塘燃烧的烟雾自然地升腾袅绕熏制肉块，这其中最好的就是腊蹄子，号称土家“鲍鱼”。

恩施土家族苗族自治州地处鄂西南山区，属云贵高原的东延部分，全境绝大部分是山地，平均海拔在1000米以上，属中亚热带季风型山地湿润性气候。由于北部的大巴山和巫山的天然屏障作用，大大削减了南侵冷空气势力，气候随着地形的垂直变化，影响光、热、水的再分配，一般是雨热同季，夏多冬少，冬无严寒，夏无酷暑。境内山河交错，高低悬殊，构成了错综复杂的气候和丰富多彩的气候资源，呈现出垂直气候的分带性和局地气候的特殊性。主要特征是温度随地势的增高逐渐降低，湿度逐渐增大，气候与地势具有立体相关性。因此，熏制好的腊蹄子放在通风处，可保存2～3年不变质。

由于烟熏过程时间长，缓慢而充分，加之燃烧的树蔸、核桃壳儿、橘子皮等都有特殊的香味，故这样熏制出的腊蹄子经火锅炖制后，肉质红润，经嚼耐品，味道醇香，腊味浓郁。

腊蹄子在熏制之前还有一道重要的工序，那就是腌制。恩施土家族人杀猪之后把鲜肉、鲜蹄子用盐和大蒜、生姜、橙皮等细末作料腌制入盆半月之后，再放在灶屋炕上熏。新鲜猪蹄子经过1～2个月的烟熏之后就变成腊蹄子，这时候的猪蹄子经过精盐和多种作料的入味，各种成分燃烧的烟火熏制，猪肉的腥气荡然无存，特殊的香味自然生成。

在食用腊蹄子时，把腊蹄子取下来之后，要经过一道最重要的工序即用柴火烧。烧腊蹄子是有讲究的技术活儿，先要把火烧得很旺，再把腊蹄子用火钳夹着放在火上翻来覆去地烧，一直烧到腊蹄子的皮毛发黑。然后把烧过的腊猪蹄子用水泡两个小时，刮掉外面的黑壳，用清水洗干净至腊蹄子色泽变得金黄闪亮。最后，用斧子把腊蹄子剁成小块放入鼎锅炖。

现在有各种各样的工具可以炖腊蹄子，而且方便易行。但要想腊蹄子味道醇厚，最好还是用砂锅炖。炖的时候要用文火慢慢来，根据不同的口味可以放入各种调料，但生姜、大蒜是不可少的。这样的腊蹄子火锅看起来颜色鲜美，吃起来味香且油而不腻！尤其是最后的汤，独特的肉香混合着一种熏肉味道，真是百喝不厌!

当然，在腊蹄子火锅中也可以放入其他的东西一起煮，海带、粉条、土豆、香菇之类是比较常见的了。但这样就缺少了一种土家的风味，最好的配菜是在火锅里面放入土家人自制的枯洋芋果果（即晒干的土豆，也称“土天马”），枯洋芋果果独特的清香味混合着腊蹄子的肉香，堪称美食中的美食。

正是在特殊的地理环境和气候背景下，聪明的土家族人为了食物的保存，创造了这一独特美味食品——腊蹄子。

湖北莲藕连天下

莲藕
摄影：陈石定

2012年中央电视台播出《舌尖上的中国》第1集《自然的馈赠》，使湖北莲藕成为仅次于武昌鱼的湖北水产“名片”。

莲藕是一种水生作物，性喜温暖多湿，是湖北特产之一，浑身都是宝。不仅是美食，也有药用；不仅可欣赏，更是出污泥而不染的洁身君子，主要盛产于湖北的洪湖、蔡甸、孝感等地。莲藕为多年生宿根大型水生草本植物，可分为藕莲、子莲、花莲三类。藕莲以膨大的地下根状茎供食用，通常称为藕。子莲以其所结的种子供食用，通常称为莲子。花莲以其绚丽的花姿美色供观赏，通常称之为莲花。

秋天是莲藕的收获季节，更是吃藕的时节。根据开花的颜色（花呈淡红色或白色），莲藕一般分为红莲藕和白莲藕。红花藕为七孔藕，皮色泛黄，外形圆润丰腴，含淀粉多，适合炖汤；九孔藕即白花藕，外皮光滑，身形细长，脆嫩多汁，适合凉拌或清炒。7月以前还没有成形的藕，也是最嫩的藕，叫“藕带”，炒着吃也清香爽口，别有一番风味。湖北莲藕做出来的莲藕排骨汤，更是极具地域特色。

莲藕由八部分组成：藕茎、藕节、莲子、莲花、荷叶、莲蕊须、莲薏、莲房，每个部分都有其一定的药用价值。常吃藕，有延年益寿之功效。《本草纲目》称藕为“灵根”，经常食用能“令人心欢”。鲜藕除了含有大量的碳水化合物外，蛋白质及矿物质的含量也很丰富。莲藕中丰富的维生素K，还具有收缩血管的功能。生食可清热除烦、去火凉血，对付秋燥；熟吃能健脾和胃、益血补心，提高人体免疫力。尤其女性多食莲藕好处多多，补血养颜，滋阴润燥，故民间素有“男不离韭，女不离藕”的说法。对于老年人及身体虚弱的人来说，藕粉由于其更容易被消化、吸收的特点，遂成为年老、体弱多病者上好的滋补品。

生长发育中的莲藕不仅始终离不开水，还要有充足的光照、合适的温度。湖北的5月，春去夏来，天气逐渐转暖，全省气温差距不大。当气温升到15℃左右，沉睡了一冬的莲藕便开始蠢蠢欲动，萌芽立叶，正如宋人杨万里的诗句“小荷才露尖尖角,早有蜻蜓立上头”。当气温达到20℃时，藕带便开始迅速延伸，长出立叶和须根，植株开始旺盛生长，又一次迎来昔日的勃勃生机。整个藕塘顿时喧闹起来，蛙声四起，鱼儿轻游，不甘寂寞的尖尖角逐渐变成一片片荷叶，镶满水面，共同演奏荷塘那快乐的交响乐章。

进入梅雨季节，时晴时雨，平均气温25～30℃，最适宜莲藕生长。此时终止叶已出现，新藕开始形成，也是现蕾开花之时。由于品种不同，花瓣的颜色有白色、红色、淡红色等，真可谓“接天莲叶无穷碧，映日荷花别样红”，那将是荷塘最灿烂的时刻。各地游客从四面八方、五湖四海纷至沓来，欣赏湖北各地那莲花的海洋。此时此刻，人们不禁会想起朱自清笔下的《荷塘月色》：“曲曲折折的荷塘上面，弥望的是田田的叶子。叶子出水很高，像亭亭的舞女的裙。层层的叶子中间，零星地点缀着些白花，有袅娜地开着的，有羞涩地打着朵儿的；正如一粒粒的明珠，又如碧天里的星星，又如刚出浴的美人。微风过处，送来缕缕清香……”然而，当风速超过15米/秒时，送来的可就不是缕缕清香了。轻则叶柄剧烈摇摆，导致根部不稳，荷叶生长受限，影响莲藕的发育；重则招风折断，导致雨水从气道灌入地下茎内，引起地下茎腐烂。因此，当强风来临前必须做好防护准备，调节水位，以稳定杆柄，减轻强风对莲藕植株的危害，确保莲花的美妙与亮丽。

莲藕的烹调方法要点是先把藕放炖锅或传统砂罐，小火炖40分钟，然后放入排骨，烧沸后打去浮沫，再放适量料酒、花椒、老姜，煮沸后改小火炖1小时，放盐后再继续炖1小时即成。其味道鲜美，香味浓郁，营养丰富，堪称一绝。湖北的莲藕排骨汤浓缩了荆楚美食文化的精华，已成品牌而美名传扬四方。举凡筵宴，压轴戏必然是一罐鲜醇香美的藕汤。南来北往的文人骚客，无不为在湖北喝上一碗莲藕排骨汤而感到适意满足，尽情地品味那藕断丝连的绵绵情怀。海外游子只要去吃湖北菜，必点一道莲藕排骨汤一解乡愁。更有甚者为尽孝道，从山东乘飞机到武汉购回一罐莲藕排骨汤，了却老父垂暮夙愿。

湖北是我国莲藕生产的第一大省，其莲藕不仅销往全国各省、自治区、直辖市及港、澳特别行政区，出口美国，湖北莲藕在东南亚也颇受欢迎，产品供不应求，马来西亚超市每天都有湖北鲜藕上柜。有关资料显示，湖北莲藕种植面积及产量居中国第一，产量约占全国莲藕总产量的三分之一。莲藕种植已成为湖北支柱产业之一。湖北莲藕“技”压群芳，誉满天下。

秋来倍忆武昌鱼

“才饮长沙水，又食武昌鱼”，一代伟人毛泽东的诗句让武昌鱼蜚声海内外。千百年来，文人骚客吟咏武昌鱼的诗词多达500多首，唐代诗人岑参《送费子归武昌》就是其中之一，诗中写道：“秋来倍忆武昌鱼，梦著只在巴陵道。”

武昌鱼历史悠久，具有较高的经济与文化价值。说起“武昌鱼”美名的由来，还要追溯到公元221年，孙权迁都鄂县，封王称帝，取“以武而昌”之义，改鄂县为武昌（从古代的三国至近代历史上的民国，鄂县称武昌长达1700余年），“于此取鱼，召群臣斫鲙，味美于他处”，并迁建业（今南京）居民千家居之。不愿迁居者表示不满，“宁饮建业水，不食武昌鱼，宁还建业死，不止武昌居”。想不到这个反对迁居的口号却成就了武昌鱼的千古美名。

鄂州是武昌鱼的故乡，梁子湖是武昌鱼的母亲湖。新中国成立后，有关部门对梁子湖的鱼类及水生生物进行了研究调查，中国科学院从事水生生物研究的易伯鲁教授在对鳊鲌类进行详细调查时发现了以往文献上没有的鱼类，并将它正式命名为团头鲂。此后，《辞海》解释说："团头鲂，亦称'武昌鱼''团头鳊'。……原产中国湖北梁子湖，已移植各地饲养。"

20世纪70年代起，我国20多个省、自治区的一些城市相继开展武昌鱼养殖，但以鄂州原种武昌鱼的生态学效率高、肉质细腻、肥嫩味美为最。鄂州地处中纬地带，受西风带和亚热带季风环流的双重影响，南北冷暖气团交绥频繁，特殊的地理位置，且陆面多为丘陵、山地、平原、湖泊，地貌类型复杂多样，因而形成了独特的气候特征。研究表明，冬季温度低于18℃，武昌鱼在长江深水草区越冬待来年春季气温升至18℃以上，回游到梁子湖觅食繁殖。武昌鱼生长适宜的气温一般是18～30℃。武昌鱼最怕低气压、天气闷热，即气压下降至1002.5百帕以下，连续2天以上日平均气温≥30℃或日最高气温≥35℃，相对湿度>80%，这种天气状况可能会导致鱼浮头。

鄂州的武昌鱼头圆、背厚、肉细，两侧呈菱形，口宽，背鳍短，尾柄高，两侧各有14根肋骨，比长春鳊、三角鲂等鳊鱼要多1根肋骨。鱼骨通常称刺，武昌鱼引以为骄傲的，是比其他鳊鱼多1根刺。

从武昌鱼生长地梁子湖的环境看，梁子湖方圆百里，漭漭泱泱，水天一色，是湖北省第二大湖泊，也是我国迄今为止为数不多的无污染的较大湖泊之一。武昌鱼生长在碧玉般的湖水中，专以青嫩如玉带般的扁担草为食，其成熟后，又随秋后外泄的湖水，沿蜿蜒90余里（近50千米）的长港悠哉游哉地游弋到湖水通江汇合处——樊口，长途的跋涉和锻炼，使得武昌鱼此时已是脂肪丰富，肚满肠肥，正是由于有这样一种特殊的地理环境和生存条件，才哺育了不同于他处的头团、肉嫩、腴美的鳊鱼。

三峡柑橘 香飘四方

“后皇嘉树，橘徕服兮。受命不迁，生南国兮。深固难徙，更壹志兮。”这是伟大爱国诗人屈原在咏物佳作《橘颂》中，对橘树的赞美与褒扬。

湖北三峡柑橘，又称宜昌柑橘，是宜昌地区的水果特产，其种植规模、品质、产量均居全省之冠，且有着众多的优良品种。尤其是秭归县的脐橙和桃叶橙、夷陵区的蜜橘、宜都市的甜柚、当阳市的金水柑、兴山县的锦橙等，荣获国家和省优质果品称号。据考证，秭归脐橙在这片土地上已有4000多年的历史。

柑橘的生长和结果需要适宜的光、热、水、气等气象条件。温度是限制柑橘优质丰产的主要因素，柑橘树体生长最适气温为23～29℃。水分是柑橘树体重要组成部分，枝叶中的水分含量占其总重的50%～75%，根中的水分占60%～85%，果肉中的水分占85%左右。当水分不足，生长就会停滞，进而引起枯萎、卷叶、落叶、落花、落果，降低产量和品质。而当水分过多，土壤积水，土壤中含氧量降低，就会导致根系生长缓慢或停止，也会出现落叶、落果的现象并造成根部危害。一般年降雨量在1200～2000毫米对柑橘生长和结果来说较为适宜。光，是柑橘叶片进行光合作用合成有机养分的必需条件，柑橘果树一般耐阴性较强，要求适度光照，尤喜漫射光，日照过弱对其生长发育也不利，年光照在1500小时以上最好。气温、降水量和日照时数过高或过低都会给柑橘的生长发育带来风险。在柑橘生产区，最好是年降雨量大于蒸发量，并且降雨主要分布在柑橘的生长季节，即雨热同季。

区域气候条件对柑橘品质影响至关重要。《晏子春秋·内篇杂下》说："橘生淮南则为橘，生于淮北则为枳，叶徒相似，其实味不同。所以然者何？水土异也。"就是指不同气候条件下生长的柑橘的品质是不一样的。可见，当年尽管只是一河之隔，但两岸柑橘品质大不一样。在淮南生长的柑橘，品质好，果皮光滑，色泽鲜艳，汁多味甜。而在淮北生长的柑橘则糖和糖酸比下降，味淡，产量低。

在屈原故乡秭归、巴东一带，地处长江上游下段的三峡河谷地带，是巫山、大巴山和神农架三大山系的交汇之地，天然的山体屏障，永不

硕果累累
摄影：许世美

干涸的长江流水，成就了它冬暖夏凉的气候特征。在冬天，河谷地区高山夹峙，下有水垫，易形成逆温层，且比同纬度长江中下游一带气温高出3℃以上；尤其是20世纪90年代以来，冬季冻害频率和程度大大降低。在夏季温凉多雨，雾多湿重，并具有阴阳坡气候不同的特点；库区无霜期300～340天，大于10℃积温5000～6000℃·d，相对湿度高达60%～80%，风速普遍较小，年平均风速只有2米/秒，是全国的小风区。这些都为柑橘的生长带来了得天独厚的条件，让当今的秭归柑橘有着与其他地区柑橘不一样的风味。

人们喜爱柑橘，不仅在于它有丰富的营养价值，还在于它有多种药用价值。柑橘全身是宝，1千克柑橘中所含的维生素C为300毫克。此外，柑橘还含有有机酸、氨基酸和磷、铁、钙等多种元素。其果肉、果皮、橘络、橘核都是正统的中药，具有理气健脾、燥湿化痰、开胃、生津止渴等功效。

站在橘树下，再次诵读《橘颂》，不禁让人思绪云骞、感慨万端。橘树之美好，不仅在于其外在形态，更在于它的内禀精神。橘亦是我，我亦是橘。橘乃造化所赐，吸天地精华，成一代佳木，绿叶离离，金实灿灿。它刚正不阿，无己无私，怡然自得而又与世无争，美德丽容而又毫不淫邪，如此高洁的品质，又有谁能与之媲美呢？

侗族姑娘采茶忙
摄影：张洪刚

峡州山南出好茶

唐代茶学专家陆羽所著《茶经》指出，论茶的品质是“山南以峡州上”，也就是说峡州山南出产的茶叶是上等好茶。“峡州山南” 泛指今湖北宜昌、鄂西山区，这里以喀斯特地貌为主，平均海拔1100米，山势巍峨，山峦起伏，河流交错。地形东低西高，雨量充沛，雨热同季。山间谷地热量丰富，山顶平地光照充足。境内垂直气候带谱明显。山间终年云雾缭绕，河谷四季风调雨顺，具有明显的长江河谷气候特征。正是因为有这样的地理天赋、自然底蕴，才造就了众多的湖北名茶、好茶。

茶叶树属双子叶植物，约30属，500种。据专家分析，茶树生长最

适宜温度一般为20～25℃，最低临界温度视树龄树势而定，中小叶种为-10～-8℃，大叶种为-3～-2℃。高于30℃生长缓慢，高于35℃则枯萎，叶片脱落。达到45℃时，茶树完全停止生长。昼夜温差大有利于茶叶保持优良的品质。地温直接影响茶树根系生长，最适宜温度为25℃左右。年降水量一般要求在1000毫米以上，最适宜为1500毫米。相对湿度最好是80%～90%，大于90%则病害增多，小于50%则生长受抑制。

茶叶依据季节变化和茶树新梢生长的间歇期可分为春茶、夏茶与秋茶。5月底以前采制的为春茶，6月初至7月上旬采制的为夏茶，7月以后采制的当年茶叶，就算秋茶了。古人说“春茶苦，夏茶涩，要好喝，秋白露（指秋茶）”。事实上，由于现代泡茶技艺的发展，春茶的“苦”更受人追捧，更受人青睐。

春茶，也叫清明茶，是新春的第一出茶，由清明时节采制的茶叶嫩芽精制而成。由于春季气温适中，雨量充沛，加上茶树经头年秋冬季较长时期的休养生息，体内营养成分丰富，所以，茶在春季不但芽叶肥壮，色泽绿翠，叶质柔软，白毫显露，特别是氨基酸和多种维生素的含量也较丰富，这使得春茶的滋味更为鲜爽，香气更加浓烈。加之，春茶一般无须使用农药，茶叶无污染，所以春茶，特别是早期的春茶，往往是一年中绿茶品质最佳的。

夏茶，由于采制时正逢炎热季节，茶树新梢生长迅速，茶叶外形一般都是叶片轻飘宽大，嫩梗瘦长，对夹叶多，叶脉较粗，叶缘锯齿明显，所以有“茶到立夏一夜粗”之说。茶叶中的氨基酸、维生素的含量明显减少，这使得夏茶中花青素、咖啡碱、茶多酚含量明显增加，滋味显得苦涩，所以一般夏茶适合制发酵茶。

秋季气候介于春、夏之间，尤其是在秋茶后期，气候虽较为温和，但雨量往往不足，会使采制而成的茶叶显得较为枯老。特别是茶树历经春季和夏季的采收，体内营养有所亏缺，因此，秋季采制的茶叶，内含物质显得贫乏，故茶叶滋味淡薄，而且香气欠浓。所谓“要好喝，秋白露”，其实，说的是茶叶“味道和淡”罢了。

另外，湖北恩施是世界硒都，土壤中富含硒元素，所以恩施盛产富硒茶。富硒茶无污染且富含人体必需的硒元素，具有增强免疫力、排毒解毒、抗癌防癌、抗高血压、延缓衰老等功效。

特别是生长在海拔1200～1600米的高山茶更具地域特色。由于昼夜温差大，茶树生长缓慢，加之湿度大，雾水多，使红、橙、黄、绿、蓝、靛、紫七种可见光中的红、黄光得到加强，而红、黄光有利于提高茶叶叶绿素和氨基酸的含量，这对提高茶叶色泽和滋味是不可缺少的物质。同时，茶树芽叶中所含儿茶素类等苦涩成分降低，进而提高了茶胺酸及可溶氮等对甘味有贡献的成分含量。高山茶新梢肥壮，色泽翠绿，茸毛多，节间长，鲜嫩度好。由此加工而成的茶叶，往往具有特殊的花香，而且香气浓，滋味好，耐冲泡，也许人们常说的高山出好茶就是这个缘故吧。

生态风韵篇

感恩自然的无私馈赠，感慨人类的无尽探索，和谐共生铸就了今日之文明，守护青山绿水就是守住我们的根。企盼风调雨顺，营造绿色家园，让气象与你我同行。

千湖之省也缺水

水是人类赖以生存的物质基础，水资源是生态系统的重要组成部分。素有“千湖之省”美称的湖北，水资源状况又如何？

干涸的土地
摄影：刘志雄

千湖之省湖泊多

湖北境内除长江、汉江干流外，省内各级河流长5千米以上的有4228条，另有中小河流1193条，其中100千米以上的河流41条，河流总长59200千米。

湖北湖泊众多，主要分布在江汉平原上，2011年湖泊总面积达到2983.5千米^2，百亩以上的湖泊800余个，面积大于100千米^{2}的湖泊有洪湖、长湖、梁子湖、斧头湖。

湖北省的湖泊具有密集成片分布的特点，多集中在坦荡的江汉平原上。它们像颗颗明珠，镶嵌于纵横交错的水网之间，统称为江汉湖群，也被称为湖北“水袋子”。这些湖泊是整个长江中下游湖泊群的一个重要组成部分。境内湖泊绝大多数属浅平宽广型，湖底泥沙淤积较厚，水深一般1～2米。

千湖之省也喊“渴”

由于长期以来的自然淤积和人工围垦，湖北的湖泊数量和水面积已急剧缩减。20世纪50年代，湖北省共有湖泊1066个，总面积8300千米^2；70年代，0.5千米^{2}以上的水面湖泊有609个，到80年代仅剩下309个。十多年间，300个湖泊消失了，湖泊数量下降了49%，湖泊面积减少了43%。随着湖泊的大量消失，过去怕涝不怕旱的“水袋子”，近些年也频频发生干旱。

湖北湖泊的萎缩和消失，导致千湖之省也喊“渴”。权威统计资料显示，湖北省水资源总量仅占全国总量的3.5%，列第10位；人均水资源占有量1731米^3，列第17位，只占全国人均占有量的73%，接近国际公认的人均1700米^{3}严重缺水警戒线。

有人会问，长江、汉江在武汉交汇，涛涛江水在湖北横贯，湖北还会“渴”？观测数据显示，湖北水资源中年过境客水约7000亿米^3，但过境客水流量非常不稳定，可利用率十分有限。当汛期长江流域降水、来水集中时，为减轻长江防汛的巨大压力，不得不大量向下游泄洪，造成水资源的大量浪费；而当来水不足时，江河水位更低，引水难度大，水资源难以得到有效利用。

千湖之省喊“渴”有两个方面的气象原因。一是降水时间分布不均。湖北降水的年际变化很大，最少822毫米，最多1630毫米；降水的季节分配也不均匀，梅雨期6月中旬至7月中旬雨量最多，强度最大，占全年降水的30%，很多地方有时甚至高达50%，而其他时段内降水极少。二是降水空间分布不均。湖北降水地域分布很不均匀，鄂西北最少，年降水量550～1230毫米，有“旱包子”之称；鄂西南最多，年降水量810～1840毫米；江汉平原年降水量为710～1570毫米。

千湖之省要节水

随着经济社会发展、人口增加，水资源的消耗越来越大。1998年湖北省用水总量232.7亿米^3，2011年增加到296.7亿米^3，13年增长了27.5%。农业用水、工业用水、居民生活用水都有明显的增长，其中工业生产用水增长最快，2008年工业用水量为96.98亿米^3，10年增加了29%。

污染和浪费也加重了水资源的短缺。20世纪70年代末长江流域废污水排放量为95亿吨，到21世纪初增加到近270亿吨，年均增长15%以上；在农业生产过程中，水资源浪费现象也很严重，大多仍沿袭大水漫灌、大引大排的灌溉模式，加重了水资源短缺的状况。

数据表明，湖北全省中等干旱年份将缺水67亿米^3，特别干旱年份将缺水89亿米^3，供水缺口比例将达到20%～26%。因此千湖之省也需要节约用水。应建立健全节水管理体制，执行严格的水资源管理制度，落实节水责任制，并实行水资源优化调配，计划用水，科学用水，提高水资源的利用效率。同时要合理开发利用空中云水资源，做好蓄水保水工作，使有限的水资源发挥其最大效益。

干枯的禾苗
摄影：刘志雄

万里长江，险在荆江

长江是我国第一大河流。她以甘甜的乳汁，养育了两岸儿女，孕育了华夏文明。那万年流淌的洪波，既是生命之源，也是灾害之魁。

长江干流流经我国11个省（自治区、直辖市），支流流经8个省（自治区），是我国的经济大动脉，有“黄金水道”之称。湖北宜昌以上称上游，江西湖口以下称下游。江水由宜昌出峡口，在荆楚大地“九曲回肠”，似一条卧龙，每当发作，就给两岸人民带来无限灾难，故有“万里长江，险在荆江”之说。

荆江是指枝城到城陵矶一段的长江。荆江成灾的自然原因是河道特别弯曲,有“九曲回肠”之称，荆江段的河床被上游带来的泥沙抬高，成为有名的地上河，加上地势低洼，排水不畅，上有大量江水汇入，下有湖泊高水位顶托，一旦发生洪水，极易决堤溃口，给沿江地区造成严重的洪涝灾害。

防汛历来是湖北“天大的事情”。湖北位于长江中游，历史上被称为“云梦古泽”“洪水走廊”，境内长江流程1061千米。历史上频发的长江洪涝，给湖北人民带来深重的灾害。自汉朝到元朝的1754年间，平

建国前的荆江大堤
（来源：长江水利网）

均11年发生1次洪灾，明代276年间平均9年发生1次洪灾，清代入关267年间平均5年发生1次洪灾。其中，乾隆五十三年（1788年）长江溃口22处，水高丈余，兵民溺毙无计，尸横遍野，田庐尽淹。民国时期，三年、两年或连年皆溃，甚至一年三溃，每每哀鸿遍野，民不聊生。

长江自湖北枝城以下至湖南城陵矶一段400余千米，因其属古荆州，又称荆江。荆江堤防自古险要，历任湖北官吏中流传着一句为政格言："湖北政治之要莫如江防，而江防之要尤在万城一堤（万城堤即今荆江大堤）。"荆江大堤一旦出事，武汉市就断然难逃"池鱼"之灾。荆江大堤最怕川江来水，由于荆江河道九曲回肠平而且弯，上游来水在这里慢悠悠不肯离去，加上泥沙沉积，河床抬高，势必洪水猛涨，形成险情。每到汛期，水位要高出沙市地面8～10米以上。一旦溃决，洪水以高出地面10米以上的水头似泰山压顶而下，武汉等地岂不成了汪洋一片。1788年，长江全流域大水，荆江大堤决口20余处，荆州城内水深5～6米，两个月后才退去。

人类自古与水相伴而生而又相克。人与洪水搏斗的历史，在荆江上演得最为壮阔，而又最为惨烈。

据统计，仅1931—1949年的18年中，荆江地区被淹5次，汉江中下游被淹11次。其中，1931年发生一次全流域性大洪水，淹没农田5000余万亩，受灾人口达2855万，死亡约14.5万人；1935年长江中下游发生大洪水，共淹没农田2263万亩，受灾人口达1000万，淹死14.2万人。当时有“沙湖沔阳洲，十年九不收”的歌谣。

1954年，长江又发生全流域性特大洪水。荆江地区5—7月有三分之二的时间为雨日，于1953年刚刚竣工的荆江分洪工程三次被启用，多处支流扒口行洪，荆江大堤遍体鳞伤。为了保卫武汉等大中城市，泄洪区人民把含辛茹苦修筑的家园留给了吞噬万物的洪魔。

历史走到1998年，流淌万年的长江再度发生全流域性大洪水。在主汛期的两个多月里，长江先后出现8次大洪峰。第6次特大洪峰通过沙市时，水位高达45.22米，超过1954年最高水位0.55米。是年长江入汛之早，洪水来势之猛，水位之高，持续时间和抗洪战线之长，均属历史罕见。洪魔猖獗，荆江大堤险象环生，累计发生险情6000多处，经两岸军民全力抢护，大都化险为夷。荆州大堤安然无恙。

长江，是暴雨洪水为主的河流，荆江洪水主要由暴雨造成。暴雨是一种强降水天气，大面积、长时间暴雨很容易形成大范围的洪涝灾害。

荆江大堤（来源：长江水利网）

在防汛的关键时刻，水情、雨情、工情是防洪决策的三大要素。上游大量来水，下游高水位顶托，本地降水叠加，就会对荆江大堤构成严重威胁。为了在洪水到来前做好防御洪水的各项准备工作，利用现代暴雨洪水预报技术、数值天气预报技术等，为防洪决策提供科学依据，是减少洪灾损失的有效手段。1998年第6次特大洪峰通过沙市时，水位已超过1954年最高水位0.55米，在需要对荆江是否分洪做出决策的关键时刻，就是因为有准确的暴雨预报，才避免了数10亿元的经济损失。

到了21世纪的今天，长江干流堤防工程建设基本完成、三峡工程建成并投入使用、水库除险加固进展顺利，长江中游防洪已逐步形成以三峡水库为骨干、堤防为基础，其他干支流水库、分蓄洪工程、河道整治工程及防洪非工程措施为内容的综合防洪体系，长江中游防洪能力得到较大提高。

尽管如此，荆江防洪并非高枕无忧，长江中游巨大洪量与河道泄洪能力不足等矛盾仍很突出。万里长江，险在荆江，湖北防汛仍然任重道远，不可掉以轻心。

湖北气候变化四问

人类生活在空气的海洋，冷热阴晴，我们每时每刻都在感知。

气候是我们自然生存的条件之一，它是指某一地区长时间内的天气特征，包括天气的平均状况和极端状况。而气候变化则是指气候平均状态统计学意义上的巨大改变或者持续较长一段时间的气候变动，是经过相当一段时间的观察，在自然气候变化之外由人类活动直接或间接地改变全球大气组成所导致的气候改变。

全球正在经历一场以变暖为主要特征的气候变化，那么，地处我国中部南北气候过渡地带的湖北省，其气候变了吗？如果变了，是怎么变的？为什么会变？我们该怎么办？

变了吗？

近年来，生活在湖北的人们都有一个感觉：春天和秋天越来越短，冬天和夏天越来越长，冬天不像以前那么寒冷，夏天却感觉越来越热。

特殊的天气气候让生活在湖北的人们记忆犹新。例如，2008年初罕见的低温雨雪冰冻天气，最近3年鄂北的连续干旱，东南部每年都出现成灾的暴雨，还有2013年的倒春寒天气让人领略了湖北“春如四季”的魔力。种种迹象表明，湖北的气候也正在发生变化。

怎么变?

在全球气候变暖的背景下，湖北省近50年平均气温以每10年增加0.18℃的速率快速上升，尤其是20世纪90年代后，气温上升趋势十分明显，1997年以后连续气温偏高。

气温显著上升最突出的表现就是极端低温的迅速上升，这种变化带来的直接效应是气温日较差加大，夏季变得更加漫长，而冬去春来不再让人觉得遥遥无期，春秋季气候变得更加“喜怒无常”，“春如四季”的现象时有发生。

伴随气温的变化，湖北省年降水日数减少趋势显著，2005—2010年连续6年雨日偏少，而总降水量并无明显变化，这样使得降水时间较为集中，“暴风雨来得更猛烈了”。

不容乐观的是，根据气候模式预估模拟结果，湖北省未来平均气温将继续呈上升趋势，暴雨、干旱、高温热浪、强风雹、强雷暴等极端天气气候事件将越来越频发。

为什么?

湖北气候的变化只是对全球气候系统变化的响应。气候如此多变，到底原因何在？这是人为因素和自然因素共同作用的结果。

人为因素主要是人类活动所造成的下垫面的改变、温室气体增多等。人类活动通过改变大气中的温室气体、气溶胶浓度以及土地利用变化影响气候变化。化石燃料燃烧和生物质燃烧，以及农业活动和工业过程排放的二氧化碳、二氧化氮、甲烷等温室气体通过温室效应影响气候，这是人类活动造成气候变暖的主要驱动力。

土地利用变化通过改变陆地与大气之间的物质和能量交换，使区域或局地气温发生变化，同时也向大气中排放额外的温室气体和矿物性气溶胶，引起气候变暖。

就自然因素而言，太阳活动、火山爆发及气候系统内部的多尺度振动都可影响气候变化。太阳表面有多种多样的扰动现象，一般有太阳黑子、耀斑（或称色球爆发）、日珥等。太阳黑子数多时地球偏暖，少时则偏冷。太阳活动与地球夏季的梅雨量有着密不可分的联系。火山爆发会使得大气中气溶胶增加，产生负辐射强迫，进而造成全球范围的降温。

怎么办?

科学家认为，当前气候变暖的趋势不可能被停止或逆转，但是能被减慢，使得生物系统和人类社会有更多的时间去适应。

减缓气候变化，是指通过减排和限制温室气体排放、增加碳汇、发展绿色能源等措施，以降低和减缓人为因素对气候变化的影响。

适应气候变化，是指在气候变化已经成为事实的前提下，人类的经济社会活动如何适应这种变化。

“物竞天择，适者生存”，人类必须采取措施去适应环境的变化。

从科学层面来讲，要加强气候变化的监测评估，建立具有区域特色，反映大气圈、水圈、岩石圈和生物圈相互作用状况的综合气候观测系统。建设区域大气本底观测站，加强温室气体在线监测分析，为控制大气污染、制定减排指标及效果检验、争取生存排放等提供科学依据。

从管理层面来讲，要科学制订应对气候变化政策，提高各级领导干部应对气候变化的意识和决策水平，将应对气候变化纳入可持续发展战略，纳入经济建设和社会发展规划。在制定社会、经济发展规划时，应考虑气候变化及其影响。

从社会层面来讲，要开展全民适应气候变化教育，提高全社会适应气候变化意识。利用社会各界力量，宣传我国适应气候变化的各项方针政策，提高公众适应气候变化意识。加强气象灾害和相关避险知识的宣传，普及气候变化基本知识，最大限度降低气象灾害造成的生命和财产损失。

作为个人来讲，坚持低碳出行、节约用电、节约用纸等。把保护大气环境、保护自然环境作为自己的责任和义务。

热岛效应——城市发展面对的话题

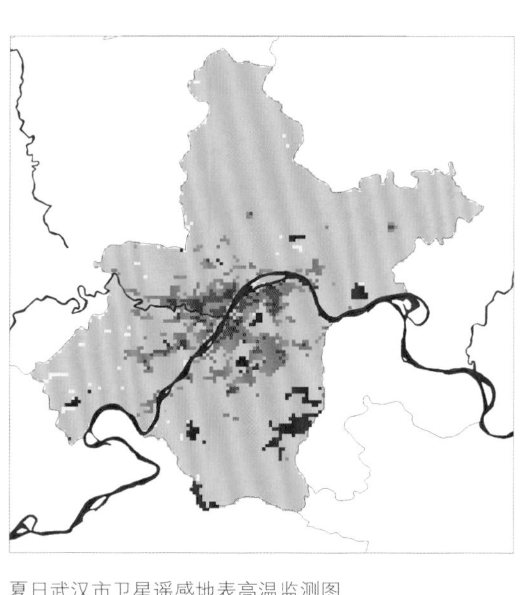

夏日武汉市卫星遥感地表高温监测图

8月盛夏，烈日炎炎，大地被太阳烤得滚烫滚烫。在遥测遥感卫星图片上，一块块红色区域对应的城市板块，清晰可见城区与周边存在明显的温度差异，十分刺眼。在气温分布的平面图上，突兀的城市高温区，看起来好像一个个飘浮于温度海洋的岛，故被形象地称为“城市热岛”。19世纪初，英国气候学家赖克·霍华德在《伦敦的气候》一书中把这种气候特征称为“热岛效应”。

城市在不断地发展，城区在不断地扩大，由此带来广阔的混凝土广场、宽敞的柏油路面，还有各种不停地扩大的华丽的建筑墙面，它们改变了城区的通风条件和下垫面的热力属性，削弱了城市气候的调节功能，在城区形成了升温快、热量不易扩散的基本态势，一般年均气温的城乡差值约1℃左右，有的更高。此外，还有工业生产、交通运输以及居民生活，产生了大量的氮氧化物以及二氧化碳和粉尘等排放物，吸收下垫面热辐射，产生温室效应，因此，夏日城区比郊区温度高，酷暑难耐也就在所难免了。

气象学上，把日最高气温超过35℃的天气称为“高温天气”。据近60年的气象资料统计，武汉年高温天气平均20.8天，且呈增加趋势。高温日数增加，城市热岛影响不可低估。

有关研究表明，当环境温度高于28℃时，人体就会有不舒适感；最高气温达到或超过37℃时，中暑人数将显著增加。受频繁的高温热浪冲击，人体体温调节机制暂时发生障碍，还可引发一系列疾病，特别是心脏、脑血管和呼吸系统疾病的发病率上升，死亡率明显增加。

随着气温的升高，能耗增加，城市供电供水量飙升。就武汉而言，城市用电年平均日负荷为500多万千瓦，但在高温季节，日用电最大负荷超过800万千瓦，还常常刷新历史纪录。专家告诉我们，当气温达35～40℃时，气温每增加1℃，用电负荷增加40万千瓦。高温季节，武汉三镇用电故障报修数量也剧增，为正常天气情况下的3倍多。气温越高，供水量越大，武汉市主要城区夏日最高日供水量比平时多28万吨。

夏季高温，历来还是火灾事故的多发期。火灾危险指数随着气温升高而上升。空气负氧离子急剧减少，污染物和粉尘含量急升，使城区环境综合质量下降。城市热岛效应负面影响着实可怕，已成为一大公害。

城市热岛效应是城市化进程中的特殊城市气候,具有明显的时空分布特征，城区大于郊区，冬季大于春季，最低气温增幅最大，是现代都市的典型气候特征之一。关于城市热岛，目前还没有应对的灵丹妙药，但从城市规划设计出发应考虑：

保护并增大城区的绿地、水体面积。绿地中的园林植物，通过蒸腾作用，不断地从环境中吸收热量，可降低环境空气的温度。每公顷绿地平均每天相当于近200台空调的制冷作用。园林植物光合作用，吸收空气中的二氧化碳，成片的绿地每天可以吸收大量的二氧化碳，削弱温室效应。此外，园林植物能够黏滞空气中的粉尘，每公顷绿地可以降低环境大气含尘量50%左右，进一步抑制大气升温。武汉市城区植被覆盖度的最低临界值为0.42，因此大力发展城市绿化，是减轻热岛影响的关键措施。

在扩建新市区或改建旧城区时，应根据常年风向适当拓宽街道宽度，留足风道走廊，以加强城市通风，减小城市热岛强度。如果风速小于6米/秒，就属于通风不畅，可能产生明显的热岛效应。

控制城市人口密度、建筑物密度。因为人口高密度区也是建筑物高密度区和能量高消耗区，常形成气温的高值区，所以，减少人为热的释放，尽量将民用煤改为液化气、天然气并扩大供热面积也是有效的对策。

发展公共交通，倡导绿色出行。地铁和轻轨电车是快捷方便的交通工具，同时具有低排热、少污染的特点，城市公共交通应优先发展地铁和轻轨，制定相关政策鼓励市民出行时多乘公交少开车。这样既可节约能源，减少汽车尾气污染，也可缓解城市交通拥堵状况。

热岛效应给人类生产生活带来的危害的确不可忽视，如何抓好科学成果应用，合理规划城市布局，积极采取应对措施，是缓解城市热岛必须面对的话题。

霾影重重巧应对

霾
摄影：李必春

在当今的城市里，霾是一种越来越频繁出现的天气现象。每当霾来临，望一眼窗外，看不到蓝天，看不到白云，只见天地间灰蒙蒙一片，连对面的楼房也只见朦胧的轮廓。

霾的危害及防御已成为国内外新闻媒体热议的话题，霾对人们的生活和健康造成诸多不良影响。那么，什么是霾？霾有什么危害？应对霾，我们应注意什么呢？

霾是悬浮在大气中的大量微小尘粒、烟粒或盐粒的集合体，使空气浑浊，水平能见度降低到10千米以下的一种天气现象。

说起霾，人们经常会联想到雾，雾和霾常被人们联系在一起，称为“雾霾”，他们出现的共同点是使空气的能见度变小。但雾和霾是有本质区别的。雾的主要成分是水，一般颗粒比较大，有几微米或者十几微米，在阳光或者是散射光照射下呈偏白的颜色。而霾就不一样了，它是干的细颗粒物，一般是黄色或者褐色。这种颗粒物是非常小的，直径大约在2.5微米左右，即$PM_{2.5}$，由于这种颗粒物吸入人体的肺部后，肺不能对它进行有效清理，很容易进入血液，因此对人体危害较大。

近年来，湖北平均霾日数呈增加趋势，大气扩散能力下降。52年来气象站霾日数变化的统计结果显示，湖北省平均霾日数呈增加趋势，平均增幅为0.5天/10年，2000年后增幅加大为0.6天/10年；武汉市平均霾日数增幅大于湖北省，平均增幅为1.5天/10年，2000年后增加到1.6天/10年。随着城市规模的不断扩大，从20世纪70年代开始，湖北省近地面风速整体呈下降趋势，平均每10年下降0.2米/秒，导致城市的大气扩散能力不断削弱。湖北省的霾主要出现在秋冬季节，并呈现出分布范围广、持续时间长和强度大的特点。

霾形成的原因大致有以下三个方面：一是空气中悬浮颗粒物的增加。随着城市人口的增长和工业发展、机动车辆猛增，工业生产和汽车尾气排放、冬季取暖烧煤、建筑扬尘、餐饮烧烤等导致的污染物排放和悬浮物大量增加，使得大气中颗粒物浓度升高，最终催生霾的形成。二是水平方向静风现象增多。城市里大楼越建越高，阻挡和摩擦作用使风流经城区时明显减弱。静风现象增多，不利于大气中悬浮微粒的扩散稀释，容易在城区和近郊区周边积累。三是城市热岛效应使垂直方向上出现逆温。逆温层好比一个“锅盖”覆盖在城市上空，这种高空气温比低空气温更高的逆温现象，使得大气层低空的空气垂直运动受到限制，空气中悬浮微粒难以向高空飘散而被阻滞在低空和近地面。

霾的主要危害表现在：首先，影响人的身体健康。霾的主要成分是$PM_{2.5}$，它能直接进入人体支气管，干扰肺部的气体交换，引发包括哮喘、支气管炎和心血管病等方面的疾病，长期处于这种环境还会诱发肺癌。霾还可导致近地层紫外线减弱，易使空气中的传染性病菌的活性增强，传染病增多。其次，影响人的心理健康。阴沉的霾容易让人产生悲观情绪，使人精神郁闷。最后，危害交通安全。霾出现时，空气质量差，视野能见度低，容易引起交通阻塞，发生交通事故。

霾是一种天气现象，只有巧应对，才能最大限度地减少霾天气对人体健康的影响。

喜欢晨练的人，出现霾时最好停止晨练。晨练时人体需要的氧气量增加，随着呼吸的加深，空气中的有害物质会被吸入呼吸道，从而危害健康。

调节情绪，别让霾影响心情。心理脆弱、患有心理障碍的人在霾天会感觉心情异常沉重，精神紧张，情绪低落，这类人群在霾天要注意情绪调节，可以在家看看喜剧类电视剧或听听相声等，要让自己高兴起来。

多喝清肺润肺的茶。在有霾的天气，人们可以多喝罗汉果茶。喝罗汉果茶可以缓解霾天吸入污浊空气而引起的咽部瘙痒，有润肺的良好功效。尤其是午后喝效果更好。

在有霾的天气多吃些富含维生素的蔬菜、水果(一般指颜色比较鲜艳的)，如葡萄、橘子、紫甘蓝、紫薯、番茄等。还可以食用百合、麦冬、猪血等具有滋阴润肺功效的食物。

『钟聚祥瑞』长寿乡

钟祥，由明嘉靖皇帝亲赐得名，取“钟聚祥瑞”之意。因嘉靖皇帝生养发迹于此，故又被称为“帝王之乡”。

早在北朝西魏大统十七年（551年），钟祥就被称为“长寿县”。根据2012年人口普查不完全统计：在钟祥103万人口中，80岁以上老人

钟祥客店赵泉河全景图
摄影：郭威

有17600多人，90岁以上老人有1800多人，百岁以上老人有88人。钟祥人均预期寿命是78.92岁，高于全国平均水平4.88岁，比世界平均水平高9.88岁。2008年，钟祥被中国老年学会正式命名为“中国长寿之乡”。

有关学者和专家曾对钟祥人长寿的原因进行了多次专题研究。他们得出的共同结论是：钟祥气候条件优越、空气清新、水质优良，自然生态环境良好是钟祥人长寿的重要原因。

钟祥位于湖北腹地，处在鄂中丘陵向江汉平原的过渡地带，全市各地多年平均降水量在1000毫米左右，雨量充沛，且雨热同季，夏季降水量多，气温也高，水热配合协调，这种降水的时间分布特点，刚好和农作物及野生植物活跃生长期相一致，对于丰富和延长人们的食物链极为有利。钟祥各地年平均气温在16℃左右，无霜期平均在260天左右，冬天不是特别冷，夏天也不是特别热，气温宜人，光照充足，热量资源丰富，十分适合人们活动和居住。

同时，由于钟祥市内74.2万亩水面所产生的水体效应，200多万亩林地、草场所产生的植被效应，国土面积中50%的丘陵岗地和20%的低山所产生的丘陵坡地和山川效应，还有大洪山南麓的坡地逆温层和分布山丘林区的溶洞、温泉、瀑布等，使钟祥市境内形成了诸多独特的小气候，造就了良好的生态环境，为人们居住、生活提供了长寿的“风水”条件。

钟祥春天平均有65天，夏天平均有120天，秋天平均有63天，冬天平均有117天。一些心理学家和医生认为，老年人的生活居住环境越接近自然，舒适度越高，精神也越愉快，身体就越健康。

钟祥空气质量属于一、二类区域的面积特别大。钟祥市总面积共有4488千米^2，其中，被国家和湖北省命名的风景名胜区有279千米^2，江河湖库等较大的水面493.4千米^2，森林约1333.4千米^2，这些基本上都属于一类区，达到I级标准，约占全市总面积的40%。钟祥市有农田1333.4千米^2，特产地、牧草地89.87千米^2，这些地方的空气质量一般都好于Ⅱ级标准，接近I级标准，约占全市总面积的37%。据环保部门监测，2013年钟祥城区环境空气质量达标天数有336天，达标率为92.6%，其中142天空气质量为优，194天空气质量为良，24天为轻微污染。而在农村环境空气自动监测站测点，81天空气质量为优，207天空气质量为良，58天空气为轻微污染。

钟祥市百岁老人90.5%就生活在农村，近20万农户几乎家家都有园林。春天，当人们走在钟祥乡村田野，呼吸着清新的空气，闻着泥土的芳香，沉醉于山野的纯净与美丽，在宁静与怡然中，享受神清气爽的好时光。望着远处那一棵棵翠绿麦苗，一片片金黄菜花，色彩斑斓，美不胜收，再复杂的心境在这样的环境中也会与春天一起律动。

钟祥不仅水资源丰富，而且水质好。清清的汉江如玉带飞舞，有着千岛湖美誉的温峡湖烟波浩渺，美丽的莫愁湖碧波荡漾，鸥鸟翔集的镜月湖渔舟点点。林间有清泉飞瀑，山外有涓涓细流。十几里水路，十几道弯，水依着山，山傍着水，一路蜿蜒，一路奔走。而这里的许多民居、建筑就处于绿树环绕、碧水围抱之中。

钟祥市地面水共有505亿米^3，不仅总量大、人均占有量多、分布比较合理，而且多数河流和水库的水质很好。20世纪80年代环境监测部门对市内汉江（钟祥段）、长滩河、丰乐河等8条河流，莫愁湖、南湖等10个湖泊，温峡、黄坡、石门、峡卡河等26个水库监测结果显示，除竹皮河、蛮河以及极少数堰塘、湖泊水质受到较重污染外，其他水体的水质均符合国家《地表环境质量标准》规定的Ⅱ类标准，有的达到了Ⅰ类标准。时至今日，钟祥市内主要水系汉江钟祥段及3座大型水库、6座中型水库的水质都在国家规定的Ⅱ类标准以内，温峡水库等水体仍接近Ⅰ类标准。

汉江是钟祥市主要饮用水源，据近十多年环保部门考核，全市饮用水源水质达标率均在100%。地下水质不仅酸碱度适中，极少污染，而且富含锶、钼、钾等多种微量元素。这种丰富的总量、优良的水质及其合理分布，为钟祥长寿人群的形成提供了良好的水体条件。

钟祥历史悠久、文化灿烂，积淀了丰富独特的长寿秘诀，真可谓钟聚祥瑞。除了气候、山水、自然、生态等因素，还有祖辈基因遗传、独具特色的饮食、勤劳简朴的习惯、尊老敬老的人文传统等诸多因素促成了钟祥人的长寿，科学家们正在进行更深入的探讨和研究。

长寿是人类永恒的话题，是我们每个人与生俱来的朴素愿望和美好追求。亘古至今，从帝王将相到平民百姓，从神话传说到诸子百家，长寿一直都受到人们的尊崇和向往，但愿天下所有老人福如东海长流水，寿比南山不老松。

探寻湖北暴雨之谜

据说世界之谜大都在这条线上，百慕大三角、埃及金字塔、撒哈拉大沙漠、珠穆朗玛峰、神农架野人……这条神秘的线就是北纬30°线。东起浙江，西至西藏，贯穿9个省（自治区、直辖市）的北纬30°“中国段”被誉为中国最美的风景走廊，令人遐想的自然之谜，绚丽多彩的人文景象……许许多多人类尚未完全认知的秘密就藏匿在这条线上，其中就包括气象灾害之一——暴雨。

暴雨是指24小时降水量为50毫米或以上的强降水，按其降水强度大小又分为三个等级，即24小时降水量为50～99.9毫米称“暴雨”;100～250毫米为“大暴雨”;250毫米以上称“特大暴雨”。

湖北暴雨一年四季均有可能发生，较大范围的暴雨主要出现在5—9月，其特点是降水过程频繁，雨量集中。暴雨日数南部多于北部，东部多于西部，高山多于平原，迎风坡多于背风坡。武陵山地的东南侧、幕阜山地的西北侧以及大别山地的西南侧均是暴雨的多发区，这些地区平均每年暴雨日数大多在5天以上。6—7月是湖北省的梅雨季节，该季节内暴雨多、强度大，1994年7月12日，阳新县日降水量达到538.7毫米，创下单日降水量历史之最。武汉单日最大降水量出现在1959年6月9日，达317.4毫米。

湖北暴雨是如何形成的？经过理论分析和实际探测，专家们已有了初步的认识。每年6—8月，由于受青藏高原和海陆热力差异等影响，在青藏高原及其东部邻近地区的对流层上部，北半球夏季最强大、最稳定的高压环流系统就此形成，科学家称之为南亚高压。青藏高原东部北纬30°附近地区正好处在南亚高压南部、副热带高压北侧，此时，来自孟加拉湾及南海的丰富水汽在西南急流和东风气流的引导下源源不断输送到这一区域，而一股接一股来自北方的冷空气在西风气流引导下也来到这一区域，冷暖气流在此交汇，从而导致包括湖北在内的北纬30°附近地区暴雨频繁发生。

暴雨是一种影响严重的灾害性天气。某一地区连降暴雨或出现大暴雨、特大暴雨，常导致山洪爆发，水库垮坝，江河横溢，房屋被冲塌，农田被淹没，交通和电讯中断，给国民经济和人民生命财产带来严重危害。尤其是大范围持续性暴雨和集中的特大暴雨，不仅影响工农业生产，而且可能危及人民的生命，造成严重的经济损失。

湖北省地处长江中游，位于梅雨带，夏季暴雨发生频率高、范围广、强度大，大面积的暴雨径流随地形汇集到江汉平原，加上夏季、秋季长江和汉江境外客水进入，江湖水位猛涨极易导致洪涝灾害。19

世纪中叶，1860和1870年长江连续发生两次特大洪水，20世纪，1931年、1954年和1998年，长江又发生了多次流域性特大洪水，在历次大洪水中，湖北都是重灾区，引发长江洪水的罪魁祸首就是暴雨。

暴雨预报是一个世界性难题，人们探寻暴雨奥秘的脚步也从未停歇，随着科学进步和技术的不断发展，相信终有一日，人们将揭开笼罩在暴雨头上的神秘面纱。

从千年古柏遭雷击说起

武汉军械士官学校的松柏苑内，生长着一棵距今900余年的高龄古柏，这棵古柏已被武汉市人民政府确认为武汉市区“第一高龄古树”，属武汉市一级保护古树名木。

据考证，这棵古柏栽种于宋朝年间，名为桧柏，树龄超过900年，武汉市区还没有哪棵古树年龄比它更大，因此堪称江城树中“老寿星”。近千年来，它历尽沧桑，饱经磨难，见证了宋朝以来历朝历代的兴衰更替，经历了各种战火的洗礼和自然灾害的侵袭，至今却依然枝叶茂盛，傲然挺立。

2004年和2005年，该古柏曾经两次遭受雷击，树干被从中劈为两半，现在支架托着的那半边树干就是雷击后留下的伤痕。雷击前，树高10余米，冠幅近20米，直径将近1米，覆盖面达200多米^2。目前，树高仍超过6米，树冠达10米。为了避免古柏再次被雷击，有关部门为古柏安装了避雷针，这在当年是全国的首例。

雷电，这一大自然的产物，人们对它司空见惯，习以为常，但它的千秋功过却鲜为人知。

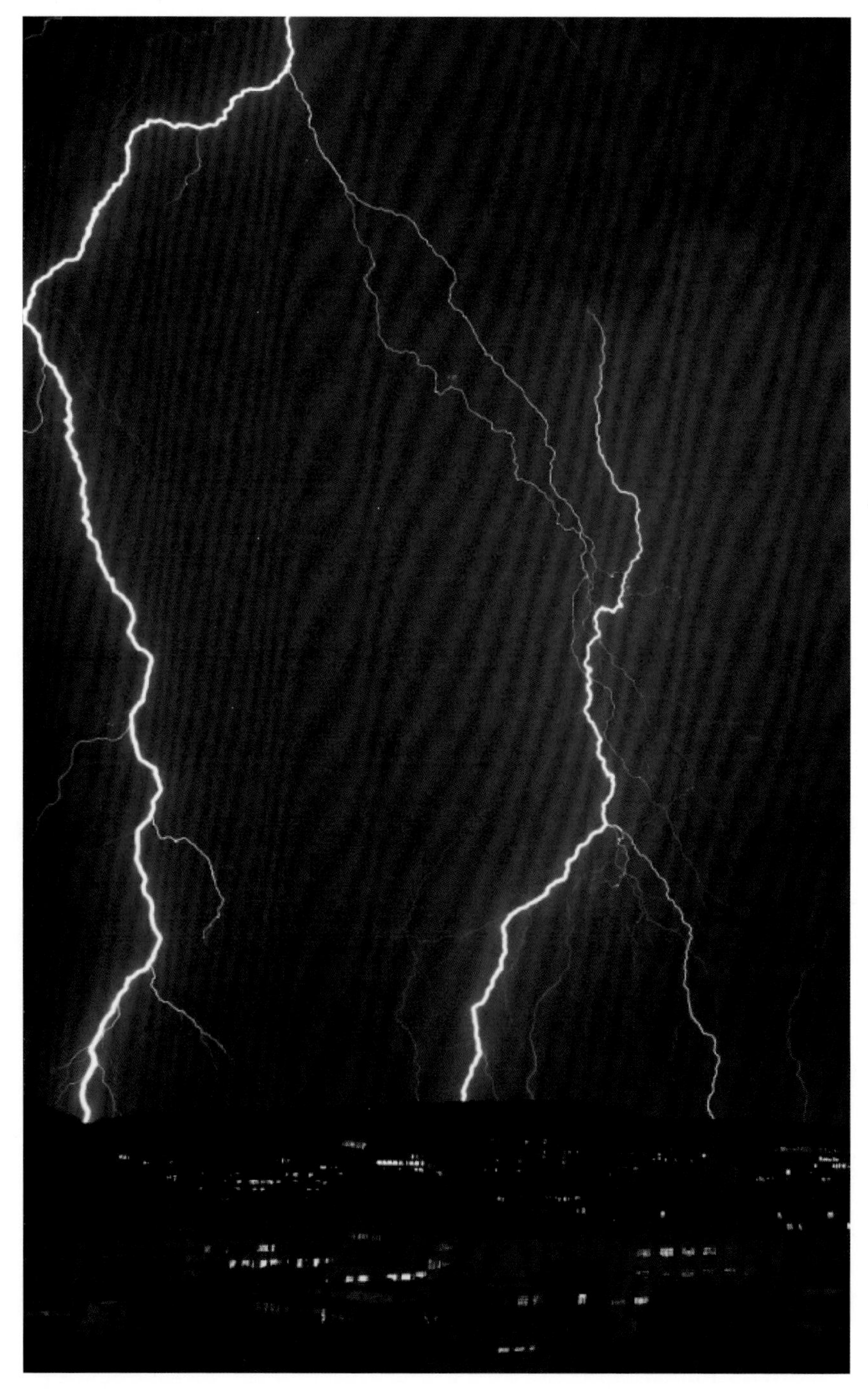

天地之吻
摄影：李必春

雷电之过是有目共睹的。1989年8月，青岛黄岛油库突然起火，4万多吨原油毁之一炬，几十人在烈火中丧生，这一令国人震惊的灾害事件，其罪魁祸首竟是雷电。世界上其他小型的雷击石油灾害事件则难以枚举，据美国20年来石油火灾统计，其中有55%是由雷击引起的。

森林是生态平衡的保护者，如今，森林资源屡遭破坏，森林雷击火灾是其重要原因之一。据我国林业部门统计，在每年数以万计的森林火灾中，由雷击引起的占2.1%。比例虽小，但损失惨重，据估计，一次雷击森林火灾，少则烧毁森林几百亩，多则成千上万亩，生态破坏和经济损失状况是相当严重的。

飞行离不开气象条件保障。飞机穿越雷雨区一般是很危险的。即使是遇到一般的降水，飞机飞行时也有可能遭雷击。据民航部门统计，大约每2000架次飞行，就有1架次遭雷击，轻则机体受损，重者机毁人亡。

雷电对人民生命安全的威胁也是惊人的。据粗略统计，全世界每年在雷电下丧生的人数以万计。1984年6月，湖北省崇阳县出现一次雷击事件，就有8人受雷击伤亡。

纵然雷电残暴之极，干尽毁物伤人之能事，但它也有“赐恩”于人类的时候。

雷电可以净化空气。一次雷阵雨，不仅能冲刷空气中的灰尘杂质和有害气体，更重要的是雷电的电火花能把空气中的氧激化为永生态的臭氧。臭氧具有净化空气和杀灭病菌的作用，所以雷电也被称为“空气净化器”。

雷电是植物的朋友，它可以使空气中的氮和氧发生化学反应生成二氧化氮，经过氧化变成易被植物吸收的氮肥随降水落入自然界。据统计，每年因雷电而落到地面的氮约有4亿吨之多。此外，雷电还是植物生长促进剂。形成雷电的强大电位差可增强植物的光合作用和呼吸作用，使之新陈代谢旺盛，从而促进植物的生长。

雷电中蕴含着巨大的能量。如果人类能利用它的千分之一，将会大大改变目前的能源危机，美国已在接收利用雷电高温，日本借助雷电爆破矿山的实验已获得成功。

雷电还是人类认识自然、防御灾害的助手。根据雷电发生的季节、方位和强度，可以预测未来的天气变化。“雷打惊蛰前，高山好种田（指长江中下游地区）”“雷公先唱歌，有雨也不多”这类谚语就反映了雷电的发生与未来天气变化的关系。在防雹工作中，根据雹云中的雷电分布，在地面设置引雷器，就可以引导雹云移动，从而使地面上的农作物免遭冰雹袭击。

雷电既是人类的敌人，也是人类的朋友，只要人类能充分地驾驭和利用，它便可以“立功赎罪”，造福于人类。

湖北省年平均雷暴日为36天，属于中雷区。其中，鄂西南和鄂东的麻城—鄂州—嘉鱼一线以东的地区，年雷暴日数最多，属于多雷区。湖北省夏季平均雷暴日数最高，为21.5天，占全年雷电日数的58.9%，春季次之，平均雷电日数为10.8天，占全年雷电日数的29.6%,冬季最少。湖北省1—12月各月平均雷电日数的变化呈双峰型，主峰出现在7月，次峰在4月。

湖北年平均闪电次数在59～79万次，1—12月均可发生闪电，但主要集中在4—8月，占全年闪电次数的96%左右，一年中7—8月闪电次数最多，闪电次数达20～25万次。湖北省闪电密度分布存在明显的地域性差异，在鄂东南和鄂西局部地区有两个闪电高密度区，一个在嘉鱼、咸宁、黄石、鄂州一带，另一个位于鄂西的远安、当阳附近。这两个闪电高密度区都位于山区与丘陵、平原交接地带。

雷电虽然有可怕的一面，但只要我们懂得一点雷电的原理，是可以避免其危害的。在野外遇到了雷电，不要慌张，由于雷电总是与地面上的突出物体先接触，所以不要站在比较突出的地方或高大建筑物（如烟囱）附近，更不要跑到电线杆或树底下，也不要跑到桥洞或水中，而应找一块平坦空旷的地方蹲下来，把手中的锄、锹等劳动工具平放在远离自己的地方，如果几个人在一起，则要彼此分开一定的距离，以免集体受伤害。

雷雨天气时，如果在室内则不要站在窗口、门口等空气比较流通的地方，室外晾有衣被时，最好不要赶出去收，因为绳索淋湿后成了导电体，而绳索两端一般又拴在比较高的物体上，此时收衣被是比较危险的。耕牛之类的牲畜，在雷雨来临前要拴在矮小的木桩上或关在圈内，不要拴在树下或放在水中，以免遭到雷击。

雷雨天气来临时，应当立即停止户外活动或作业，如球类活动、骑车、钓鱼、水上游玩、田间耕种等，就近寻找安全躲避之处，如有条件可以躲避到安装了避雷装置的建筑物内，一旦雷电击中安装有避雷装置的建筑物，墙壁内就会有电流通过，所以躲到建筑物内还要远离外墙，且不靠近墙壁。

雷雨天气不要在室外打手机，手机发射的电磁波很容易形成雷电放电的通道。在雷击区拨打手机，手机就变成了“引雷器”，从而对人体造成危害。在没有安装避雷设施的地方，雷雨天气拨打固定电话也是相当危险的，电话线是从室外引入到室内的，也有可能感应到雷电流。同时要尽量少用家用电器，如电视、电脑、电冰箱、洗衣机等。因为电源线、信号线都是从室外引入到室内的，这些线路上有可能感应到雷电流，从而导致家用电器的损坏，甚至造成火灾。因此，各类建筑物按标准安装避雷设施，是国家、社会和我们每个家庭及个人的共同责任。

人工影响天气的奥秘

呼风唤雨，驱雷驾电，是人类朴素的愿景和美好的追求。

降水是大气中一种常见的自然现象，它是由太阳蒸发水汽，在高空遇冷凝结成云，然后合并成水滴，克服空气浮力后降至地面而形成的。它有时细雨飘飘，有时倾盆而下；有时连日暴雨，造成洪涝；有时又数月不现，形成旱灾。

在人们征服自然的能力极其低下的远古年代，无法抵御旱涝灾害，于是产生了“呼风唤雨”的美好愿景，在这种美好愿景的支配下，人们幻想变凶为吉，化险化夷。于是，就出现了各种求雨、驱雨等迷信活动。

在汉代，人们祭天求雨之风极盛，认为“云从龙至，雨从龙来”，为了求雨，即做出土龙，妄图引出真龙，招来云雨。即使在20世纪以后，这种怪事也仍有所闻，1934年，我国发生大面积干旱，上海就有张天师设坛祈雨，南京有佛教法师出城四处求雨，甚至连当时湖南省府的代理主席也赴城隍庙祈雨。在国外，此类怪事也时有发生。

降水需要具备一定的条件，即水汽和抬升作用等。在大气中，只要地面有水汽蒸发，空气中总有一定的水汽存在。抬升作用有多种类型，例如：冷暖空气交汇，冷空气抬升暖空气；气流吹向山坡，山坡抬升空气；地面受热不均，形成热力抬升作用；等等。抬升作用并不时时存在，有时冷暖空气频繁交汇，可形成连续降水，有时没有抬升作用，则可造成多日无雨。例如，2014年鄂东北地区很少有冷暖空气交汇，故降水较少，出现了干旱。所以，雨的有无完全是由大气内部诸因素所决定，并不是由迷信中的什么“龙”引来的。

人工影响天气就是影响天气及其过程的人工措施，如人工增雨、消雹、消雾、改善空气质量等。

1946年，美国科学家I.朗缪尔等根据冰晶在降水形成过程中的重要作用，提出了人工产生冰晶影响冷云降水的设想，他的助手V.J.谢弗和B.冯内古特，发现将干冰碎粒和碘化银烟粒引入充满过冷水滴的云室里，能够产生大量的冰晶。同年11月，谢弗进行了第一次对自然云层的人工催化试验。他们用飞机将3磅干冰碎块投入云顶温度为-20℃的过冷却层状云中，5分钟后，云下出现了降雪。此试验结果引起广泛的重视，推动了人工影响天气试验的迅速发展。

到了20世纪60年代，美国科学家J.辛普森进行了动力催化试验，获得一定程度的成效。苏联科学家苏拉克韦利泽和他的一些同事们，用冷云催化方法进行了大规模防雹试验。全世界大约已有80个国家或地区开展过这种试验研究，其中开展规模较大的国家有美国、前苏联、中国、澳大利亚、法国等。中国从20世纪50年代开始，在大多数的省（自治区、直辖市）开展了人工增雨或防雹试验，有些地区还进行了消雾、消云和抑制雷电的试验。

人工增雨是通过一定的手段在云系中播撒催化剂，增加云中的冰晶数量或使云中的冰晶和水滴增大从而达到增雨的目的。这种方法可以使自然降水的云增加20%左右的降水量。目前国内外开展人工增雨的技术手段主要是通过向具备一定条件的云层撒播利于雨滴形成的人工冰核(如干冰、碘化银、液态氮等)和吸湿性催化剂（如食盐、尿素、氯化钙等），使得云中雨滴快速增加，造成更多的水汽转化成雨水降落地面。撒播方法是通过地面高炮、火箭及烟气发射装置将凝结核送入云中，也可以通过飞机直接将凝结核播撒到云中。

人工消雹是当出现可能的冰雹云层时用高炮或人工影响天气火箭对准冰雹云进行轰击，利用弹药爆炸时产生的强大冲击波，使云中冰雹相互碰撞，大冰雹变成小冰雹，小冰雹降落下来融化成雨滴，化雹为雨，达到消雹的目的。

人工消雾常用方法是在0℃以下的过冷却雾中播撒制冷剂，使雾滴冻结成冰，降至地面而消散。对于温度低于-5℃的过冷却雾，可以播撒干冰。对于高于-4℃的过冷却雾，一般可以播撒丙烷，利用丙烷蒸发膨胀冷却所产生的冰晶与雾滴合并，使雾降至地面，也可以燃烧丙烷，用其产生的热量使雾滴蒸发消散。温度在0℃以上的暖雾，一般是向雾中播撒吸湿性物质来干燥空气，使雾蒸发或变成大水滴降落到地面。

人工改善空气质量就是采取人工增雨，产生的降水冲洗掉大气中的污染物，达到净化空气的目的。

随着生产力水平的提高和科学技术的发展，人们在旱涝面前逐渐摆脱了被动局面，不仅在天气预报上获得了成功，而且进行了许多人工影响天气的尝试，催云降水取得了可喜的成果。伴随科技发展和人类主宰地球时代的到来，一系列新的问题相继出现：人口爆炸、环境污染、资源耗竭、生物灭绝等。所以我们提倡科学发展观，人类要与地球上的生物和谐相处，这样我们生活的地球系统才能可持续发展，才能欣欣向荣，才能充满无限生机。

利剑出鞘
摄影：杨家华

风能、太阳能——用之不竭的新能源

风能、太阳能是一种清洁、安全、可再生的绿色能源，开发利用风能、太阳能，对环境无污染，对生态无破坏，对人类社会可持续发展具有重要意义。

进入21世纪的今天，世界能源结构正在孕育着重大的转变，即由矿物质能源向可再生能源的转变。所谓可再生能源，就是取之不尽、用之不竭、与人类共生共存的能源——风能、太阳能。

由于地面各处受热不同，因而引起气压的差异，在水平方向，高压空气向低压地区流动，即形成风。地表空气流动产生动能，即为风能。据估算，全世界的风能总量约1300亿千瓦，中国的风能总量约16亿千瓦。风能资源受地形的影响较大，如我国的东南沿海以及内蒙古、新疆和甘肃一带风能资源就很丰富。

风能的利用主要是风力发电。风力发电的原理，是利用风力带动风车叶片旋转，使风的动能转变成机械能，再将机械能转化为电能。

一般说来，3级风（即3.4～5.4米/秒）就有利用的价值。但从经济合理的角度出发，风速大于4米/秒才适宜于发电。据测定，一台55千瓦的风力发电机组，当风速为9.5米/秒时，机组的输出功率为55千瓦；风速8米/秒时，功率为38千瓦；风速6米/秒时，只有16千瓦；而风速为5米/秒时，仅为9.5千瓦。可见，风力愈大，经济效益也愈大。

风是取之不尽，用之不竭且无公害的能源之一，对于缺水、缺燃料和交通不便的沿海岛屿、草原牧区、山区和高原地带，因地制宜地利用风力发电，非常适合，大有可为。

我国的风力资源极为丰富，绝大多数地区的平均风速都超过3米/秒，特别是东北、西北、西南高原和沿海岛屿，平均风速更大。有的地方，一年三分之一以上的时间都是大风天。在这些地区，发展风力发电是很有前途的。

湖北风能资源主要位于“三带一区”，即湖北中部的荆门—荆州的南北向风带、鄂北的随州—英山的东西向风带、部分湖岛及沿湖地带、鄂西和鄂东南的部分高山地区。其中，鄂北岗地的随州--英山一带，江汉平原东部的荆门—荆州一带，鄂西的巴东及神农架部分山区风功率密度较大，达到250～300瓦/米^2。鄂东南的孝感、京山以及江汉平原南部风功率达200～250瓦/米^2。

放眼现在的湖北，在层峦叠嶂的众多山系中，绽放着一朵朵洁白绚烂的、硕大无比的“三瓣花”，它们便是湖北风能资源开发利用的成果——风力发电场。地处湖北省通山县九宫山风景名胜区内的九宫山风电场一期工程，装机容量为1.36万千瓦，于2004年开工，首台机组于2007年投产发电。2009年7月29日，湖北省最大的风电场——齐岳山风电场一期工程在恩施土家族苗族自治州利川市的齐岳山之巅开工，齐岳山风电场被列为全国十大风场之一。

太阳是人类能源之母。尽管太阳辐射到地球大气层的能量仅为其总辐射能量的22亿分之一，但它每秒照射到地球上的能量相当于500万吨煤产生的能量。广义的太阳能包括风能、水能、海洋温差能、波浪能和生物质能以及部分潮汐能等，狭义的太阳能则限于太阳辐射能的光热、光电和光化学的直接转换。

湖北的太阳能资源分布呈现北多南少、东多西少的特点。全省各地年太阳总辐射大部分为每年4380～4800兆焦耳/米^2。其中，鄂

齐岳山风电厂
摄影：孙永年

太阳能示范电站
摄影：孙永年

东北最多，广水、孝感、安陆、新州、黄冈、麻城等县市均在4700兆焦耳/（米^2·年）以上；其次为鄂西北、鄂北岗地，总辐射为4400～4700兆焦耳/（米^2·年）；再次为鄂东南、江汉平原，为4000～4400兆焦耳/（米^2·年）；鄂西南山区最少，为3000～4000兆焦耳/（米^2·年），除三峡河谷外，大部在3780兆焦耳/（米^2·年）以下。根据太阳能的气象行业标准，除鄂西南大部外，湖北省广大地区属于太阳能资源丰富区。

洪湖之水浪打浪

洪湖晨曦
摄影：赵泉元

茫茫洪湖伴随着气候变化从远古走来，有过平静，有过波涛，后浪推着前浪，前浪连着后浪，一浪高过一浪，就像一首优美的旋律，抑扬顿挫，欢快婉转。平静中充满着浪漫的传奇，波涛澎湃中充满着历史的沧桑。荷花、垂柳、芦苇、蒿草、野鸭、鱼虾，生生不息，装点洪湖美，谱写洪湖情。

洪湖的前身——云梦泽，又称云梦大泽，是江汉平原上的古湖泊群的总称。从“天苍苍，地茫茫，河湖不分，云水漫漫”到“湖面萎缩，水如束带，旷如平野”，再到“葭苇弥望”的一片沼泽，其历史演变与中国气候近两千年的演化背景基本一致，气候环境推进了洪湖面积变化和沼泽化过程，尤其是以汛期影响为甚。每到汛期常常暴雨连连，洪水泛滥，长江、汉江携带大量泥沙疯狂涌入云梦泽。长年累月，沉淀淤积，使两岸河床不断抬高，小洲滩、大洲滩相继出现，泽区日益缩小。从此，江、湖不分的云梦泽渐行渐远，代之而存的是大面积洲滩和星罗棋布的湖泊群。当今江汉平原上200多个浅小的湖泊，正是古云梦泽被分割、解体而残留的遗迹，其中，洪湖作为云梦泽古湖泊群的大弟弟一枝独秀。在明代正德年间，上洪湖、下洪湖东西连成一体，面积得以扩大，成为当今湖北最大的湖泊，也是我国第七大淡水湖，还是湖北第一个省级湿地自然保护区。

美丽的洪湖地区属亚热带湿润季风气候，四季分明，光照充足，温和湿润，年均1400多毫米的降水量给洪湖带来无穷的生机与活力。春天，渔帆点点，绿草依依；夏天，碧波荡漾，荷花灿烂；秋天，莲满菱熟，稻谷飘香；冬季，雁鸭群栖，鱼藕满仓。正如《洪湖水浪打浪》歌曲所唱：人人都说天堂美，怎比我洪湖鱼米乡。

据专家研究表明，洪湖作为长江中游地区重要湿地生态区域，充分体现了湿地生物多样性和遗传多样性，其中鱼类有84种，水生植物92种，包括九雁十八鸭等候鸟共有39种之多，是长江中游、华中地区湿地物种“基因库”。

然而，气候变化的极端事件对洪湖生态系统的影响正在由传统的小概率事件、局部事件演变为常态、全局性的问题，加剧了洪湖湿地生态系统的脆弱性，正在蚕食着洪湖的美丽。2011年，洪湖遭遇有气象记录（1957年）以来的特大干旱，洪湖湿地的生态受到严重的打击。专家说，洪湖经此次一劫，完全恢复原有生态至少需要10年。

当湖、江隔开之后，降水成为洪湖水量的主要来源，水面面积受降水量及降水时空分布影响非常明显。据气象卫星资料图片显示，降水充足则洪湖水面增大，降水缺少则洪湖水面缩小，甚至干枯。专家研究表明，在气温升高、蒸发量加大、降水分布不均的气候背景下，洪湖湿地水热分配发生了变化，总体上实际可利用降水资源减少，有效水源补给不足。虽降水增加了2.6%，但不足以补偿温度升高对湿地生态系统的影响，且洪湖湿地旱涝强度与频次增加导致水位波幅增大，枯水期提前到来和时间延长，引起湿地生态系统物种结构和生物群落的变化，生物多样性受到威胁。冬春季水位降低、气温上升还会使藻类易聚集，产生水华，导致水质恶化，水产品数量和品质下降。

气候变化已成为当今社会的热门话题。根据气候变暖的趋势，预计洪湖未来年平均气温总体呈上升趋势，其中春季平均气温上升明显，导致物候期提前，影响生物群落分布，同时还为外来入侵物种水葫芦提供了适合的生长环境，将严重干扰洪湖生态。洪湖地区的降水量整体变化显著，在区域和季节上存在差异，在时空格局上分布也不均衡，将引起湿地水文格局发生变化，导致湿地面积和类型的变化。洪湖的水位降低，水生植物和鱼类的生存空间缩小，以小型鱼类和水草为食的鸟类食物来源减少，湿地迁徙水鸟的栖息地环境发生改变，越冬水禽的种群数量逐年减少，生态链将会出现故障，这些都要引起人类的高度重视。

气候变化不仅加剧了洪涝、干旱等气象灾害，更影响着自然生态系统的良性循环，给人类的生产、生活造成了严重的损失。因此，只有提高对洪湖湿地的保护意识，改善、修复、重建、维护其生态安全，才能让洪湖之韵代代相传，永世流芳。

高峡平湖之评说

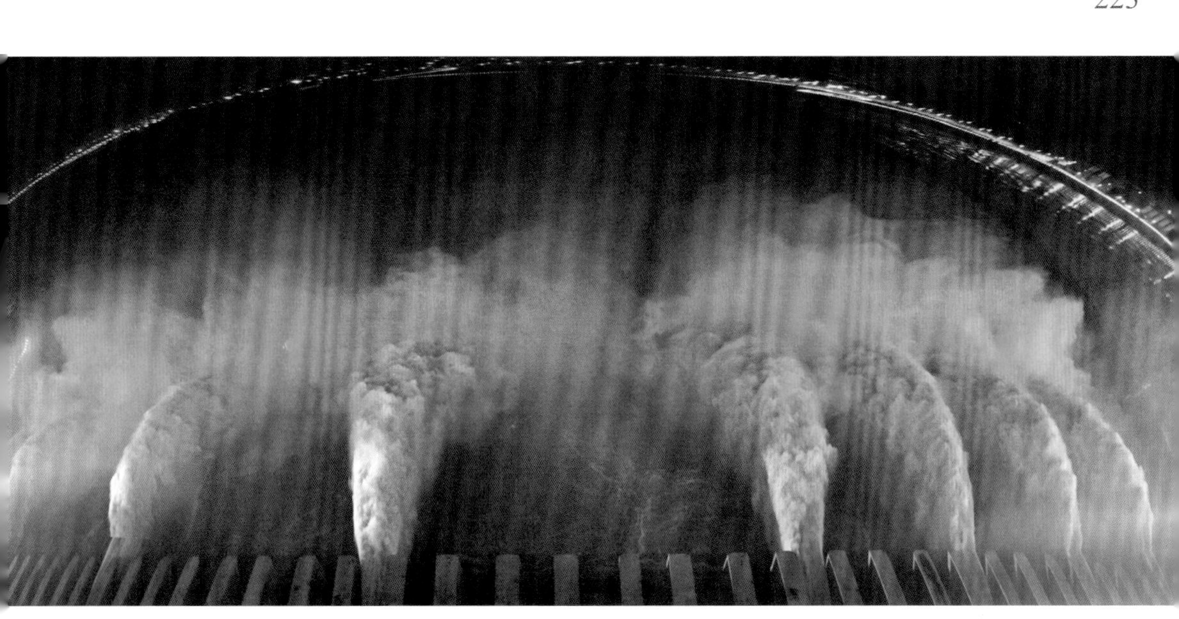

三峡泄洪
摄影：江树明

“高峡出平湖，神女应无恙”，50多年前，毛泽东主席畅游长江，写下这豪迈的诗句。50多年后，他的愿望终成事实，宏伟的长江三峡工程展现在世人面前，并全面发挥着防洪、抗旱、发电、航运、供水等综合作用。

三峡大坝建成、水库蓄水以后，巧遇2006年川渝大旱、2007年夏初重庆特大暴雨、2009—2010年西南地区干旱以及2011年长江中下游冬春严重干旱等，不少媒体和社会舆论都说与三峡工程建设相关联。那么，三峡工程对气候到底有多大的影响？如何科学、客观以及定量地评估三峡工程的气候效应？

在三峡水库建设之前，埃及尼罗河上的阿斯旺水库、巴西巴拉那河上的伊泰普水库及我国黄河上的小浪底水库等已先后建成。国际组织对国际上几个大水库的评估报告的一致结论是：水库建成以后，没有对库区周边地区的气候变化产生趋势性影响，这是国际组织明确认定的结论。

三峡水库是世界上最大的人工水体，是一条狭长的山谷型水库，大坝建成、水库形成，改变了库区下垫面土地利用属性和结构，导致库区风和局地大气环流发生了改变，地表反照率的变化改变了局地热平衡，库区水体热容量比先前大幅提高，局地动力、热力条件的改变具有影响局地及周边气象要素及气候的潜能。但研究表明，三峡水库对气候的影响仅限于三峡局地范围，对大范围气候的影响十分微弱。

控制和导致天气和气候改变的大气环流是大范围、长时间大气运动的平均状态或某一时刻的变化过程，其水平尺度在几千千米以上，垂直尺度在几十千米以上，三峡水库是一个非常狭长的人工水库，即使加上三峡库区，与大气环流和海洋的尺度比较，也是一个非常小的尺度，不足以对川渝及西南的大气环流造成影响，因而，不足以对川渝乃至西南地区的天气、气候造成影响。

根据三峡水库建成前后实时气象监测数据及遥感数值分析，三峡水库蓄水后（2004—2011年），大部分地区地面温度呈现逐年下降的趋势，在中部和东部干流区下降比较明显，西部重庆市区附近出现升温现象；从季节变化来看，东部最符合“冬暖夏凉”的变化趋势。

蓄水后，三峡库区的西北部降水增加，东南部降水减少，这种降水变化是更大范围降水变化的区域体现。三峡水库蓄水对离库区较近范围的降水量产生了一定影响，带来的降水变化尺度只局限在很小的空间范围内（近库区），对于整个大库区来说，蓄水前后年降水量的变化并不显著。

如果放大到更长的时间尺度和更广的空间尺度，监测分析表明，自1961年以来，三峡水库所在的整个长江流域气温呈现平稳增长，长江流域下游每10年升高0.2℃，长江上游每10年升高0.17℃，而三峡库区平均每10年升高0.08℃，明显低于长江流域其他地区。三峡库区的年均降水量是1136毫米，从趋势上看，库区的降水略有减少，但不单是库区在减少，整个西南地区、长江流域都在减少，这是一个大的气候趋势。实际上自20世纪90年代以后，三峡库区就进入了降雨偏少的年代，也就是说三峡工程建成之前降雨就开始偏少了。

不同类型多种分辨率数值天气模式模拟都表明：三峡水库可能影响库区局地尺度（小于10千米）的温度、湿度和风。经有关部门对比试验表明：蓄水后，库区冬、夏季气温均表现为降低，冬季降温1℃以上，夏季降温1.5℃以上，夏季降温更为明显，但在远离库区后，这种降温效应快速减小，库区降温的原因可能是水体表面蒸发加强，带走更多热量造成的。冬季库区降水轻微减少，对夏季降水的影响相对冬季要大，库区平均减少10%，离库区10千米处减少3%，20千米处减少1%，呈现由库区向外缓慢下降的趋势。降水减少主要是由于三峡库区气温下降，高空大气更趋稳定造成的。总体分析，除库区本身外，三峡水库对周围地区气候没有明显影响。

同时，数值天气模拟和统计分析也表明，2006年夏季的川渝高温干旱以及西南、长江中下游等周边地区的其他极端天气气候事件，更多是由于全球气候变化和区域自身变率共同作用的结果，与三峡水库局地强迫的关系不大，三峡水库在其中所起的作用非常微弱，可以忽略不计。

无论是观测事实，还是数值模拟，都得出了类似的结论：三峡水库对库区本身气象要素有影响，由库区向外，影响快速减弱。总体上，三峡水库对气候的影响范围一般不超过20千米。

后记

如何从气象角度解读、认识荆楚文化？2013年，《气象知识》杂志向湖北省气象局约稿，提出了这个问题。我们组织人员开展研究，从荆楚气象历史发展的角度来阐释荆楚文化的发展。我们发现，以炎帝神农文化、楚文化、三国文化为特色的历史文化中浸透了气象风云；以辛亥首义和一批老区、苏区为代表的红色革命文化也与气象相关联；以三峡、神农架等为亮点的山水文化更有气候因素；以巴土、江汉平原风情为特点的民族民俗文化中少不了地理气象特色；以屈原为代表的名人文化更是追天问天用天的代表；以三峡工程等为代表的现代科技文化成为利用气象科技的典范。

因此，我们力求将荆楚文化与气象知识相联系，将知识性、趣味性、科学性、艺术性融为一体，回味荆楚历史，解读荆楚气象，认识荆楚文化，力求将地理、气象、历史、人文等串联在一起，表现浓郁的荆楚气韵，展现荆楚文化的独特魅力。

书既成稿，又反复修改，去粗取精，去伪存真，力求在短小的篇幅中传递最多的信息，以利读者在快速阅读中汲取最有用的知识。举凡六易其稿，五次集中研讨，查阅各类文献无数，请教各学科专家，终于在2014年10月定稿。

展现在读者诸君面前的这部书稿，是否完全达到了我们的撰写目的，是否能给读者留下鲜明的印象和有益的启示，是否能成为荆楚文化研究的创新探索，有待于读者诸君的科学评判。由于时间和学识的局限，书中很多错漏的地方也请读者诸君不吝指出，以利修正。

谭学峰、院文清、陈少平、赵昭炘、夏承仁为本书提供了指导，在此表示感谢。

最后，还要向为本书提供部分初稿的人员表示诚挚的谢意，他们是（按姓氏笔画排列）：丁鹏、丁国栋、万骄阳、王凯、王芳芳、王铁楠、邓茜、邓建设、任永建、刘剑、刘望平、刘可群、刘林霞、刘中新、刘凯文、孙续刚、杜兴无、严大勇、陈筱秋、周博、周勇、周泽民、周建新、洪国平、张洪刚、张葆成、张怀群、杨辉、赵欣运、胡绪焕、徐辉、院琨、夏冰、黄治勇、郭威、郭江峰、崔鹏、曹珑、谌伟、喻威、蒋嘉琦、魏学忠。